拥有自信 体味成长的智慧

谁说青春一定迷茫

主编 拾月
编著 冯军

图书在版编目(CIP)数据

拥有自信,体味成长的智慧:谁说青春一定迷茫 / 冯军编著. -- 北京:现代出版社, 2014(2024.12重印)
ISBN 978-7-5143-2775-5

Ⅰ. ①拥… Ⅱ. ①冯… Ⅲ. ①自信心 – 青少年读物 Ⅳ. ①B848.4-49

中国版本图书馆 CIP 数据核字(2014)第 163107 号

拥有自信,体味成长的智慧:谁说青春一定迷茫

主　　编　拾　月
编　　著　冯　军
责任编辑　王敬一
内文制作　诚美天下文化传播有限公司
出版发行　现代出版社
地　　址　北京朝阳区安外安华里 504 号
邮　　编　100011
电　　话　(010)64267325
传　　真　(010)64245264
邮　　箱　xiandai@cnpitc.com.cn
网　　址　www.1980xd.com
印　　刷　唐山富达印务有限公司
开　　本　700mmx1000mm　1/16
印　　张　9
版　　次　2014 年 8 月第 1 版　2024 年 12 月第 4 次印刷
书　　号　ISBN 978-7-5143-2775-5
定　　价　57.00 元

前言

青少年是社会最宝贵的财富，是人类的希望和未来，正所谓“少年强则国强”。为此，大至一个国家、一个民族，小至一个家庭、一个家族，都特别重视青少年的教育问题。希望他们成为社会的中坚，家族的骄傲。一句话，就是希望他们成为成功的人。于国，能成为有用的人才；于家，能成为顶梁柱。不仅仅要学习好，还要有辨别人世间的善、恶、美、丑的能力。在每个人的人生中，除了需要自身的因素之外，还需要拥有感受世界的能力。

自立、自强，是绝不服输的勇往直前，是毫不妥协命运的坚决。

自尊、自爱，是顶天立地的脊梁，是不容侵犯的尊严。

自警、自谦，是内心深处的自省，是人生旅途中的字字箴言。

自乐、自勉，是快乐的源泉，是前行的无穷动力。

自信、自知，是对自我最准确的定位，是对自我感知最真实的反馈。

青春，是人最美好的一段时光，也是人格、性格定型的重要阶段，在这个时期，我们需要享受青春的快乐，同时也需要完成自我塑造。通过心理自助，最终从一个小男生、小女生逐渐成长为一个有着健全人格的人，成长为一个对社会、对家庭、对自我有着相对完整认知的人，成长为能够为自己的未来做主的人。这才是一个最充实、最有价值的青春。每个梦想都值得我们认真对待，每个青少年都是未来的希望。在青春中我们不仅要有欢乐，同时也要拥有未来！

本丛书是你化解烦恼的“心灵鸡汤”，可以给你快乐的心理自助；本丛书会让你认识到：掌控心理，方能掌控世界；改变自己，才能改变一切。本丛书还将告诉你：只有实现积极的心理自助，才能收获快乐而充实的青春。

目录

第一篇 坚定信念：你的灵魂其实充满了“香气”

第二篇 不断积累：努力最终能成就为自信的资本

第三篇 消除阻碍：很多人心里的恶魔是自己

目录

第四篇 积极乐观：你要知道乌云永远遮不住太阳

第五篇 敢于争取：为了能遇见成功请做好准备

第一篇

坚定信念：你的灵魂其实充满了“香气”

有时候，信念可以造就一个人的未来；有时候，信念是我们坚持下去的动力；有时候，满怀信念，也不免会出现一些的失望……

但是，一个人可以始终坚持一些平凡的信念，即是伟大。我们可以坚持不懈的执着追求我们的梦想，击碎命运的枷锁，直至到达成功的彼岸。

唤醒内心深处正在沉睡的巨人吧

故事话题

有位大学生因为一时冲动触犯了法律，被判终生监禁，失去了活下去的勇气，在他想结束自己生命之前，监管找他谈话了一次。

监管问他："你在这个世界上最喜欢的人是谁？"

大学生摇了摇头。

监管又问："那么你最喜欢的事是什么？"

大学生又摇了摇头。

监管接着问："那么在你心里有没有一句最受鼓舞的话？"

大学生仍然摇摇头。

监管临了说："你回去想想，在你的前二十几年里有没有一句使你受鼓舞的话？等你想到了，再来告诉我。"

大学生想了很久，总算想到了半句，那是中学里一位美术老师说的。一次他将一幅恶作剧的乌鸦习作交给老师的时候，老师说："你画了些什么？不过色彩倒还很漂亮。"大学生把这半句话告诉了监管，监管于是让他每天读一遍这半句话。

大学生照着做了，这半句鼓励的话居然唤醒了深藏在他内心的灵性，他不但勇敢地活了下去，最后还成了一位画家。

故事解析

我们每个人的身上都隐藏着巨大的潜能，就像一位沉睡的"巨人"，就等待我们去唤醒他。谁能唤醒他，谁就能在逆境中看到希望，危难时绝处逢生，失败时重振旗鼓，迷路时坚定方向。谁能唤醒他，谁就能克服一切困难，创造辉煌。

人处于迷茫彷徨的状态时，最需要的是鼓励。然而，一个人最先听到的鼓励声往往来自于我们的心灵。常常用鼓励的心语和自己对话时，你会发现有一道道灵光闪烁在你心中。半句激励的话，便可以改变一个人，这绝非无中生有，因为语言本身就具有左右我们潜意识的神奇

力量，而潜意识的能量，又足可以把被指令的事情变为现实。

我们可以用钥匙开启深锁的铁门，同样，也可借用“半句鼓励的话语”来开启我们潜意识的大门。人的一生不可能全部是掌声、鲜花，也会有经受挫折、委屈时的悲观和苦恼，这一点对任何人来讲都是一样的。人在进退维谷的时候或是心海迷茫的当口，最容易消沉，这时哪怕半句鼓励的话语，能足以改变一个人的命运。

古今中外特别多的杰出的成功者，都是因为善于利用鼓励的话语来激励自己，唤醒内心深处正在“沉睡的巨人”。就像被称为“几何学巨人”的阿基米德就常用“给我一个支点，我可以把地球撬动”这样的话来激励自己。

故事穿越

美国奥克拉荷马州的土地上被勘探出了石油。该土地的所有权属于一位年老的印第安人。这位老人一生处于贫穷之中，被勘探出石油以后，顿时变成了有钱人。于是，他高价购置了一辆卡迪拉克豪华旅行车。

每天，他都开车到附近转悠一会儿。他想看到所有的人，也希望被所有的人看到。他是一个友善的老人，每次他开车经过城镇时，都会一会儿把车开到左边，又一下子开到右边，来与他遇见的每个人说话。有趣的是，他的车从来都没有撞到过人。这并不是他驾驶技术多棒。而是因为，那辆大汽车并没有发动引擎，而是在它的正前方，有两匹马拉着。

当地的汽车修理工说那辆汽车一点毛病也没有，之所以这样做的原因是这位老印第安人永远学不会如何插入钥匙。虽然这辆豪华旅行车有一百匹马力，可是很多人都误以为那辆汽车只有两匹马力而已。

故事微语

现在的科学研究证明，人类的一生，所开发使用的能力仅占其本身所拥有的 2%~5%。问题的关键不是我们不够聪明，而是我们学不会“插入钥匙去开动引擎”，调动我们内在强大的能力去为改造我们的未来，这也是我们最大的悲剧。

我们身处于光明之中，便误以为自己是清醒的，而实际上我们早已

在酣睡。等到梦醒时分，才觉察到天已经黑了。天黑了，我们做不了什么事情了，只有不断地反省，不断地难过，慢慢地迎接明天的到来。我们不能再颓废，不能继续在光明中酣睡，要唤醒自己，战胜自己，学会与自己赛跑。

自己要尽快唤醒沉睡的心灵，唤醒自己曾经追求和坚持的梦想，唤醒自己被岁月改变的心灵。学会自己鼓励自己。

心灵箴言

天生我材必有用，千金散尽还复来。

——李白

如果我们做出所有我们能做的事情，我们毫无疑问地会使我们自己大吃一惊。

——[美] 爱迪生

我要扼住命运的喉咙，它决不能使我完全失败……世界不给我欢乐，我就创造欢乐给世界

——[德] 贝多芬

不相信自己，何以谈人生

故事话题

有一次，世界著名的小提琴家欧利·布尔在巴黎举办音乐会，突然小提琴上的A弦断了，欧利·布尔并没有因而放弃这支曲子演奏，而是用另外的三根弦演奏成功。

他后来对人们说："这就像生活，如果你的A弦断了，就在其他三根弦上把曲子演奏完。"是啊，这不仅是生活，这比生活更可贵——这是一次人生的胜利。

还有这样一个新闻纪录片：

有一个叫王林梅的女兵，当年在唐山大地震中负伤，身体的第三、四、五胸椎错位，中枢神经受到严重创伤，导致全身性瘫痪，头部以下再也没有知觉了。

但是她没有因此颓废，她一直坚强的活着。她的生命永远保持着一个姿势——躯体只能伸展于一张床上，她用顽强的毅力一天天、一分分、一秒秒地挺了过来，30年的病榻人生就这样过去了。

病榻上的王林梅居然还学会了操作电脑，还借助网络实现了许多她原来以为不可能完成的愿望。她在2003年初开始用电脑记录自己的人生经历，两年过后，她终于完成了16万字的传记作品——《期待每个黎明》，完成了一个美丽而坚强的心灵对生命的阐述。

当记者采访她时，她说："与其这样每天悲惨或者不快乐地活着，还不如把最美丽的生命展现给别人。"她既是这样说的，也是这样做的。

现在，王林梅又开始在电脑上创作她的新书——《要活就好好活着》，每当文章完成一个章节，她都会发到网上与大家共享。清新朴实而又富有哲理的文风，受到大家的一致好评，不少网友都在积极跟帖。

"死，是对生活的拒绝；活，是对生活的回报。"这是王林梅对新书《要活就好好活着》的诠释。

她特别爱美，即使身体已经残疾，也无法改变她的这一天性。无论独处，还是有其他人在场的时候，她都特别注意自己的形象，头发总是梳理得特别利落，床铺也收拾的特别整洁，室内物品也摆放得井井有序，处处显示出主人积极向上的生活情趣。

她觉得人所有的一切都应该是美好的，从衣着、谈吐、风度、语言到思想都应该如此，身体残疾是绝不可以成为不顾形象的理由。所以，她一直保持着从军时养成的良好习惯：按时洗漱，早晚刷牙，饭后漱口，每个周五洗头、擦身、换衣服，定时更换床单被罩等。

无论谁来看望她，她都将最饱满的精神状态展示于人，与人谈话时的语音、语调总是那样轻柔悦耳，她认为这是对来访者最好的尊重。

故事解析

你是谁？你相信未来的自己会成为什么样子呢？

我们活在这个世界上，我们在生活中所展现出来的样子必然也是我们内心所执着追求的样子，但前提是，这个“追求”不是天马行空的想象。

那么，在你的心中，是否也有这样一个美好的心愿呢？你是否完全相信它？这个愿望是否接地气？你是否为此付出了不懈的努力呢？

当你觉得自己的生活很不如意，这个世界很不公平的时候，你的生活也就变得灰暗，前进的步子也会踯躅不前了。那些抱怨生活的人，不可能会收获更快乐美好的生活，他们遭遇的只会更加不幸；而那些乐观进取努力奋斗的人，他们相信自己的生活终将会一片光明，他们相信通过自己的努力一切都会好起来，于是，他们的生活果真就越来越顺，越来越美好。

故事穿越

小泽征尔是世界著名的交响乐指挥家。在一次世界级指挥家的比赛中，他按照评委会给的乐谱指挥演奏，马上敏锐地发觉了其中存在不和谐的声音。起初，他以为是乐队演奏出了问题，就要求停下来重新演奏，但这个不和谐的声音依然存在。他觉得是乐谱有问题。

这时，在场所有的作曲家和评委会的权威人士都坚持说乐谱肯定没有问题，是他出了问题。

面对一大批作曲家和权威人士，他考虑再三，最后依然斩钉截铁地说：“不！一定是乐谱错了！”话音刚落，评委席上的评委们马上站了起来，给他报以热烈的掌声，祝贺他大赛夺冠。原来，这是评委们精心设计的“圈套”，用此来检验指挥家在发现乐谱错误且遭到权威人士“否定”的情况下，还能不能继续坚持自己的正确主张。前两位参加决赛的指挥家虽然同样发现了错误，但最后却因随声附和权威们的意见而惨遭淘汰。只有小泽征尔却因充满自信最终摘取了世界级指挥家比赛的桂冠。

故事微语

相信自己的思想和认知，相信自己内心深处所确认的东西哪怕这是“权威人士”所否定的——这就是天才。相信自己吧！这可以震撼每一颗心灵。

伟人们向来如此，他们孩童般地向整个世界倾吐心声，把自己的心智公之于众，从而出类拔萃。但有时候人们也会被自己的意识关进牢笼。一旦他取得了一些成绩，他便会受制于众人的好恶，从此便可能会做出取悦于人的行为，此时他再也不能把别人的感情置之度外了。

对外界的妥协，威胁了人们的自信心。你对自己往昔的言行且敬且畏，只图与其他人协调相处，因为除了自己往昔的行为以外，再无其他数据可供别人来看到你的轨迹了。

但为什么要回顾过去，为什么为了不与你在以前所陈述过的观点相抵触，就必须对以前的种种加以附和呢？即使在纯记忆的行为里，你也不能仅仅依赖记忆力，而应该把往事摆在众目睽睽的现在来判断，从此以后继续不断地自赎自新——这才是智慧之道。

心灵箴言

信心是命运的主宰。

——[美] 海伦·凯勒

人多不足以依赖，要生存只有靠自己。

——[法] 拿破仑

坚决的信心，能使平凡的人们，做出惊人的事业。

——[匈] 马尔顿

幸运之神只追随有自信心的人

故事话题

一个企业家在一次演讲之后走出演讲大厅，一个衣服褴褛的乞讨人在门口乞讨：“先生，可怜可怜我这个瞎子吧！都是因为那场大火，我才双目失明的啊！”

这个时候，企业家停下脚步问道：“是哪场大火让你双目失明的？”

乞讨人回答：“就是10年前南部化工厂的那次爆炸啊！”

企业家拽住了乞讨人的双手，非常激动地说：“你是马先生吗？”

乞讨人非常惊诧地回答：“您……您怎么认识我？”

企业家回答：“我听说，当年工厂失火，有一个人眼睛受伤并双目失明，那一定就是你马先生了。”

乞讨人激动地说：“对，对，就是我，我就是那个可怜的马先生。”

企业家接着说：“我还记得，在发生爆炸的时候，人群混乱，马先生焦急逃命，并且推倒了他的同事张先生，踏着他的身体逃出车间的。”

这个时候，乞讨人的脸色很是尴尬：“您是怎么知道的？”

企业家回答：“我就是张先生啊！”

“什么，什么？你就是张先生？”

企业家回答：“对，我就是张先生！”

这时，乞讨人满脸痛苦、流着眼泪说：“上天真是不公平，先逃出去的，却双眼失明，成了乞讨人；后逃出来的却双眼完好，成了企业家。这是天意啊！”

企业家冷冷地说：“马先生，你错了，我也是一个瞎子，由于当年你推倒了我，我才最后一个逃出车间的，我的眼睛也受到了化学药品的伤害！”

这个时候，乞讨人停止了哭泣，用双手摸索着企业家的眼睛，果然是

双目失明。

企业家说：“你相信天意，我不相信，所以你是乞讨人，我却成了企业家。当年，我也曾因为双目失明而苦恼，可是我并没有一直沉沦下去。我先是借了点钱，开了个小旅馆，后来，生意慢慢好起来后，我又开了连锁酒店，我始终鼓励自己，要坚强，做一个有用的人。”

故事解析

在我们周围，每天都有人换新的学校、工作，他们都“希望”能登上成功的快车，享受随之而来的成功果实。但他们认为仅凭自己的实力，是无法享用着这世界上最好的东西，在有了这种自卑的心理后，他们不再上进。前面的乞讨人就是这样活生生的例子。

有人曾经说过：“只要认为自己有能力，你就一定能够成功地超越他人。”也就是说，一个人的能力可否充分被发挥，首先取决于他的自信心。

无论做任何事情，只要你敢于对自己说：“我可以办到!”那么再难的事情也能做好。然而，很多人在面对一件自己从未做过的事情时，头脑中会立刻闪过一个念头：“我可以做好吗?”正是这种不自信的想法，使他们平庸一生。

在奔向成功的过程中，压力、挫折都不能让我们放弃原定目标，反而应该使我们更加坚定。只要有信心，时刻提醒自己：“我可以，我一定可以!”你就迈出了成功的第一步。

成功学大师克莱门·史东曾经说过：“积极的心态就是在不同状况下采取适当的心态。将信心贯注于努力上，这样几乎总是会产生良好的结果。当你用奋斗的心态来行动，即使结果不如预期的那样好，你仍会交上好运气。”

俗话说：不自重的人，别人也不会尊重他。如果我们对自己都没有什么好的评价和认可，怎么去期望别人会对我们有好的评价呢?如果我们自己都没有信心可以更改我们的命运，那么幸运女神就不可能会光临。

故事解析

日本最著名的推销员原一平，在刚走上推销员岗位的前 7 个月，没有卖出过一份保险，当然也没能拿到一分钱的薪水。于是他上班只好步行去，中午不吃饭，每晚睡在公园的长凳上。但他依旧人情高涨，十分有精神，每天凌晨 5 点左右起来后，就从这个“家”徒步去上班。一路走得十分开心，有时还吹吹口哨，还热情地和见到的人打招呼。

有一位绅士经常看见他这状态，很受感染，便与他寒暄：“我看你笑嘻嘻的，全身充满干劲，日子一定过得很痛快啦！”这个绅士邀请他吃早餐，原一平说：“谢谢您！我已经用过了。”绅士问他在哪里工作，当得知他在保险公司任职推销员后，绅士便说：“那就投你的保险好啦！”听了这句话，原一平顿时感觉“喜从天降”。原来这位绅士是一个大企业家，他不仅给自己投保，还帮助原一平介绍了很多客户。自此，原一平彻底“转运”了。

我们经常听到某些业务员抱怨自己运气不好，而有一些人运气就特别好。那么，这些“运气不好”的业务员是否想过，人家为什么运气会那么好呢？

故事微语

原一平的自信终于为自己赢得了职位竞争的成功者，不但基本的生存条件得到了保障，一下子有了很多的客户，还成为“运气特别好”的业务员。

他为什么有这样的自信呢？这来自于他内心深处对自己的肯定，他相信自己早晚会有出头之日，他每天特别开心快乐地对待生活，他坚信自己一定会胜出，因此，无论面临什么考验，都可以从容应对，以最饱满的热情对待每个日子。

心灵箴言

深窥自己的心，而后发觉一切的奇迹在你自己。

——[英] 培根

有信心的人，可以化渺小为伟大，化平庸为神奇。

——[英] 萧伯纳

坚决的信心，能使平凡的人们，做出惊人的事业。

——[匈] 马尔顿

做一件简单的事：告诉自己我能行

故事话题

1982年斯第芬·卡拉翰在横跨大西洋的时候，他的游艇不小心触礁沉没。于是他偏离了航线，只能在救生筏中漂流。他这时基本上没有任何食物可以食用，生还的几率特别小。但76天后，当他被3个渔民解救的时候，虽然比刚开始瘦了许多，但仍活着。他成为历史上的游艇遇难事故中独自在救生筏上生存时间最长的一个人。他在救生筏上的生活还十分精彩。

他亲自按装了个太阳能净水器将海水转变成淡水。卡拉翰的最惊人之处还在于当所有的希望都破灭时，他仍有坚定的信念活下去。即使他所有的努力看起来都没有什么意义。他曾十分痛苦：他亲眼看着自己花了一个多星期，好不容易修补好的救生筏被扎破漏气，而不得不再继续充气，直至疲惫不堪……

事实上，大多数人在这种情况下都会选择放弃，但是斯第芬·卡拉翰没有放弃，而是一再告诉自己我能行。

故事解析

斯第芬·卡拉翰的生存法宝是什么呢？“告诉自己我能行”卡拉翰写道，“比起其他有相同经历的人，我已经很幸运了。我一遍又一遍地对自己重复这句话，直到我获得坚持的力量……”

事实上，我们的环境并没有我们想象的那么糟糕，只是在和其他更好的环境相比时才显得那么糟糕。事实上，还有很多人的境况还不如我们呢。无论此时我们正经历什么，告诉自己我可以对付，比起其他人所经历的，我已经很幸运了。不断地对自己重复这句话，我们最终也会战胜困难、熬过难关。

从现在开始，你首先检查一下在日常生活中经常说的话语，把消极的话语统统丢掉，然后把你喜欢的激励人心的话语写在纸上，贴在墙上，记在心上，最后再体现在行动上。

当你干一件没有干过的事或接受一项没有做过的任务时，尝试着对自己

说：“我可以干好，我一定可以干好！”如此一来，浑身就可以产生使不完的劲。当你遇到困难和挫折时，你就对自己说：“跌倒了，爬起来，躺在地上不会有任何的机会，只有爬起来才可以前进。”如此一来，心中就产生了战胜困难的决心，精神就会振作起来。然后在不知不觉中，成为一个成功者。

故事穿越

尼克松曾就任美国总统，但就是这样一个大人物，却因为缺乏自信而造成了一个错误而毁掉了自己的政治前程。

1972 年，尼克松在总统大选上争取连任。由于他在第一任期内政绩斐然，所以很多政治评论家都预测尼克松将以绝对优势获得连任。

然而，尼克松本人却很不自信，他因为之前的几次失败，在心理上留下了阴影，极度担心会再次失败。在这种潜意识的驱使下，他居然鬼使神差地干出了足以让他后悔终生的事情。

他指使他手下的人秘密进入竞选对手总部的水门饭店，然后在竞争对手的办公室里安装了窃听器。事发后，他又一而再的阻止调查，推卸责任，所以导致在选举成功后不久便被迫辞职。本来稳操胜券的尼克松，最终由于缺乏自信而导致惨败。

故事微语

自信是一种良好的心理素质，它源自于对自己实力的充分肯定和对局势的清醒判断。其实很多时候，我们最大的敌人就是自己，所以千万不要在败给对手前就首先败给自己。我们应该把所有的顾虑和担忧都抛之脑后。无论遭遇多大的困难，都要笑着对自己说："我能行!"无论面对多大的失败，也要轻松地给自己打气："我能行!"自信，其实就这么简单。成功永远属于拥有强大自信的人。

很多人都发生过"怯场"的现象。很多同学明明把课本上内容都已经记忆的滚瓜烂熟，但一看到试卷，脑袋立刻"嗡"的一声，大脑陷入到一片空白当中，所有的记忆都已经消失了。演员在彩练、走台的时候明明表演得很好，可当真正的站在聚光灯下，面对下面黑压压的观众，突然所有彩排过的情景都烟消云散。因为"怯场"，多少人悔恨无比，却再也不能挽回失败的事实。

其实"怯场"是一种缺乏自信的表现。想要解决这个问题，就要时刻对自己说："我能行!"相信自己能行，才可以在关键时刻发挥出自己应有的实力，甚至会超常发挥，创造出更大的佳绩。

心灵箴言

自信是英雄的本质。

——[美] 爱默生

我们对自己抱有的信心，将使别人对我们萌生信心的绿芽。

——[法] 拉劳士福古

地位越高，自我评价就越高，自信心多强，能力就有多强。我们总能表现出与环境的和谐平等。

——[英] 赫兹里特

越是相信自己，越能激发潜力

故事话题

从前有个农民的一头驴子，不小心掉进了一口枯井里，农民想尽办法要把驴子救出来。但几个小时就这样过去了，驴子依然在井里痛苦地哀号着。最后，这位农民终于狠下心来放弃驴子，他想这头驴子年纪大了，不值得费尽心机地去把它救出来，但无论如何，这口井还是要填起来。于是农民便请来了左邻右舍帮忙一起把井中的老驴埋了，以消除它的痛苦。

农民和邻居们每人拿着一把铲子，开始将土一下下地铲到枯井里。这头驴子马上就了解到了自己的处境，刚开始的时候它哭得十分凄惨，但出人意料的是，没一会儿工夫，这头驴子就安静了下来。

农民好奇地探头看了一下驴子，大吃一惊：当他们把土铲进井里的时候，土落到了驴子的背部，驴子的反应令人称奇——它晃一下身体，将土抖落在一旁，然后站到这些土的上面。

就这样，驴子将铲到它身上的土一次次的抖落在井里，然后在众人惊讶的目光当中快步地跑了出来。

故事解析

这则故事给我们一个启示：就如同驴子的情况，在我们的生命之中，我们难免有时会陷入“枯井”中，然后我们会被各式各样的泥沙倾倒在我们身上，而想要逃离枯井，唯一的办法就是就是：将泥沙抖落掉，然后站在这上面！

事实上，我们在生活中所遭遇的各种挫折和失败就像是落在我们身上的泥沙，只要换个角度看，它们就是我们的一块块的垫脚石，可以让我们安然脱困、步步高升。

本来看似要活埋驴子的举动，由于驴子处理厄境的态度不同，实际上却帮助了它，这也是改变命运的要素之一。如果我们以沉着稳重的态度面对所有遇到的困境，那么帮助你的力量就一般会潜藏在困境中。这一切决定于我们对事情的看法，我们要学习放下所有的得失，勇往直前迈向理想。

我们应该不断地建立自信心，这是帮助我们从生命的枯井中脱困的唯一办法。

任何成功者都不是天才，他之所以能成功的根本原因就是开发了自己的无穷无尽的潜能。只要我们抱着积极心态去开发自己的潜能，那么我们就会有用不完的能量，我们的能力就会越来越强。相反，如果我们抱着消极心态，懒于去开发自己的潜能，那我们只有叹息命运不公的结果，并且会越来越无能！

故事穿越

巴拉昂是法国一个大富翁，在他去世后，《科西嘉人报》刊登了一份他的特别遗嘱：我曾是穷人，但当我走进天堂前，我变成了一个有钱人。在跨入天堂之门前，我不想把我的致富秘诀也一起带走。在法兰西中央银行，有一个我的私人保险箱，在那里面藏着我的秘诀。保险箱的三把钥匙分别放在我的律师和两位代理人手中。谁若可以答对“穷人最缺少的是什么”这个问题，那么他将会得到我的祝贺，他可以从那只保险箱中幸运地拿走100万法郎作为我的礼物。

遗嘱刊登后，《科西嘉人报》收到48 561封信件，答案五花八门。一年后，也就是巴拉昂逝世一周年的日子里，律师和代理人遵照巴拉昂生前的交待，在公证部门的监督下打开了他的私人保险箱。在来信中，一位叫蒂勒的小女孩猜对了巴拉昂的秘诀，那就是：穷人最缺少的是梦想，也就是成为富人的梦想。他们安于贫穷的现状，他们扼杀了自己可以成为有钱人的梦想，所以他们才会一次次地与财富失之交臂。

如果想摆脱贫穷的生活状况，我们首先要树立自己可以成为富翁的信心。确立了这样的信心后，我们还要冷静、坚定地守护着这份理想。只要我们相信理想，相信自己，成为有钱人就一定会成为现实。

梦想

故事微语

“你想成为什么样的人，就可以成为什么样的人”，这就是信念的力量。我们要经常用这句话来鼓励自己，直到它变成我们的一部分，成为习惯。在有了一个明确的目标之后，我们便会在心里对自己产生一种坚定的信念，并且不断地激励自己朝着那个目标前进。只要我们觉得可能，梦想就会变成可能。

如果想摆脱目前的生活状况，我们首先要告诉自己我们会成为富翁，我们将要生活在富裕的环境中。确立了这样的信心后，我们要冷静、坚定、自信地守护着自己的理想。只要我们相信梦想，也相信自己，梦想就一定会成为现实。

如果我们是自信的人，那么我们成功的可能性就会大大增加。当一个人对自己充满自信时，他会发现自己有了很大的转变：干劲增强了，自信心提高了，工作比过去做得更多、更好了，人际关系也朝着好的方向转变了，等等。当相信自己能行的时候，我们就会成为自己期待的样子。

有些人很平凡，他们觉得自己以后不会有太大的成就，只能碌碌无为。如果我们曾经有过这样的想法，那么，从现在开始就要改变。要记住——我们想成为什么样的人，就能成为什么样的人。成就伟大事业的名人对自我都有一种积极的认识和评价，从而产生了一种相当的自信。这种自信是在认清自己的现状之后仍保持的一种昂扬斗志，是成功者必须依赖的精神潜能，也是对未来美好生活的一种信仰与期待。

这种自信、这种信仰与期待便是世界上我们最可依靠的力量，它可以把我们从失意和自卑中挽救出来，可以把更多的幸福与恩泽赋予我们。我们只要相信自己，积极而又充分地运用信念的力量，便可以最大限度地激发自己，创造奇迹。

心灵箴言

一个人除非自己有信心，否则不能带给别人信心；已经信服的人，方能使人信服。

——[英] 麦修·阿诺德

要是没有自信心，那实在糟糕！要是你不相信自己，或者怀疑自己，那是再糟也没有了。

——[俄] 契诃夫

一个人的心灵如果受到鼓舞，即使器官已经萎缩，也会从沉沉的麻痹中振作起来，重新开始活动，像蜕了皮的蛇一样获得新生的力量。

——[英] 莎士比亚

第二篇

不断积累：努力最终能成为自信的资本

那些能够让你自信起来的资本，都是由件件小事构成的。要知道，所有自信的成功者，他们曾经都经历着极为简单的小事，但是对他们而言，从不认为自己所做的事是简单的小事，而是重要的人生积累。所以，我们更应该不轻视忽略身边的任何一件事情，即便是再简单不过的事情，也要把它做到极致完美，这样便能很轻松的从中获得自信。

有目标的人在奔跑，没目标的人在流浪

故事话题

有一位住在阿尔卑斯山下的男子，他要把他的三个孩子送到世界各地去学习。在他们即将离开之前，这位父亲让他的三个孩子拿着弓箭随他到山下的一片草地。

到了目的地之后，父亲对三个孩子说："用你们的箭瞄准正在飞的那只鸟。"三个儿子照办了。

父亲问老大："你看到了什么？"

老大回答："我看到了美丽的天际，灿烂的云以及大自然的雄伟。"

父亲又问老二："你看到了什么？"

老二回答："我看到雄伟的山峦，青翠的草地以及快乐的鸟群。"

父亲又问了老三同样的问题："你看到了什么？"

老三回答道："我看到那只鸟翅膀和身体连接的那一点。"

这时父亲说："放箭。"结果只有老三射中了那只鸟。

故事解析

这个故事所表达的意思就是谁的目标越明确，谁获得成功的机会也就越大。因为明确的目标是一种特定的、可衡量的、有时间限制的期望值，一个人只有在有确定目标的情况下，才有努力的方向。

一个人如果没有明确的目标，就会失去方向和动力，因此他的生命也会变得黯淡无光，他的生活只能被称之为生存而已。在社会中有这样一种事实，那就是没有目标的人是不会获得成功的。那些成功的人之所以会取得成功，就是因为他们可以有明确的目标，然后会义无反顾地朝着这个目标前进，并将自己的所有力量集中到这一点上。

一个人没有目标，生活也就没有了方向。何谈大业？目标可以产生积极的心态，使你产生无穷的力量，感受到生存的意义和价值。目

标还可以让你产生信心、勇气和胆量，鞭策我们自我完善，永不停步，因此，拥有目标可以使你成为一个成功的人。

故事穿越

美国著名的天才协会会长，小时候功课特别不好，老师骂他，“你这个傻瓜。”他把成绩单拿回家，“爸爸、爸爸，这是我的成绩单”，爸爸一看，“你的成绩那么差劲呀，你这个傻瓜。”老师叫他傻瓜，爸爸也叫他傻瓜，他想拿成绩单给他妈妈看该不会挨骂了吧，妈妈一看成绩单也说：“你这个傻瓜。”

他每天所接受的信息就是老师叫他傻瓜，回到家里爸爸叫他傻瓜，妈妈叫他傻瓜，他每天脑海里就是傻瓜、傻瓜、傻瓜，早上起来到浴室刷牙洗脸的时候，傻瓜在刷牙、洗脸、还有傻瓜在穿衣服、上学、考试，考出来的成绩就是傻瓜的成绩。

这是什么原因呢，这是因为他旁边的人、他的老师、爸爸、妈妈都给他一个信息，那就是：他就是傻瓜。

长大以后，他去服役，要考智力测验，结果他考出了天才的分数160多分，人家就告诉他，“你好，你知道吗？你是天才！”“我怎么可能是天才？”“你真的是天才。”“我怎么可能是天才？老师叫我傻瓜，爸爸叫我傻瓜，妈妈叫我傻瓜，我怎么可能是天才。”讲到这时，大家就觉得很奇怪。“真的，你是天才。”

后来他看到了自己的智力测验结果，“你看这是你签的名，这是你的分数。”“呀，我是天才呀，从此以后我是天才、天才、天才、天才！”从此以后，他早晨起床后再也不是傻瓜在洗脸、刷牙，而是天才在刷牙、洗脸、做事、工作，后来他当上了美国天才协会的会长。写了很多有关如何成为天才的书。此时已成为天才会长的“傻瓜”说：“你成为天才以前，首先在你的潜意识里，你要输入一个伟大的理想的目标。”

故事微语

有些事情放弃了就不可能再拥有，因为这些事情在你的生命中只能有一次。今年你18岁了，明年你不能再是18岁。时间就这样过去了，你做的每一件事情、每一个决定，都决定着你是否离成功又近了一步或者是又远了一步，所以成功来自于你的选择。

要成为一个拔尖的人才，你首先要做到的就是自我管理，另外你还要有一个具体的、合理的、可计量的、可实现的、明确的目标。因为你有了这些目标之后便会更积极的实现自己的人生目标。此时无论你做什么事情，都能得到高价值的提升。

一个人有目标固然很好，但是永远不要忘记，实现目标最主要的就是要行动，你只有行动，你才能克服一切困难，到达成功的彼岸。

心灵箴言

成功的秘诀，在永不改变既定的目的。

——[法] 卢梭

在一个崇高的目标支持下，不停地工作，即使慢，也一定会获得成功。

——[美] 爱因斯坦

一个心中有目标的普通员工会成为创造历史的人；一个心中没有目标的人只能是一个普通员工。

——[美] 宾尼

播种自信的种子，耐心地静待花开

故事话题

基恩博士是美国著名心理医生，又一次他在哈佛的一次演讲时，讲述了他小时候经历的一件触动心灵的事情：一天，一位卖氢气球的老人推着小货车走入了公园。几个白人小孩正在玩耍，然后一窝蜂地冲了过去，每个小孩都买了一个氢气球，然后兴高采烈地追逐打闹，最后将色白斑斓的气球放飞到了天空中。

这时，在公园的一个角落里躲着一个瘦小的黑人男孩，他用羡慕的眼光看着白人小孩们在玩耍，但他却没有勇气和他们一起玩耍，他因为自己的肤色感到非常自卑。当白人小孩的身影消失后，他才胆怯地走到卖氢气球的老人身旁，用恳求的语气问：“您可以卖一个气球给我吗？”老人用慈爱的眼光打量了他一下，温和地说：“当然可以，你要什么颜色的？”男孩鼓起勇气回答：“我要一个黑色的。”满脸沧桑的老人用惊讶的眼光看了一下黑人小孩，然后给了他一个黑色的氢气球。

黑人男孩高兴地拿过气球。忽然，他的小手一松，黑色的氢气球马上就升向了天空，在蓝天白云的衬托下形成了一道别样的风景。

老人一边眯着眼看着氢气球飞向天空，一边用手轻轻地拍了一下黑人男孩的后脑勺，说：“记住，气球能不能升起，不是因为它的颜色、形状，而是取决于气球内是否充满氢气。同样，一个人的成败与否与他的种族、出身都没有什么关系，关键是取决于他是否拥有自信。”

那个黑人男孩便是后来的基恩博士。

故事解析

我们需要自信就像种子需要阳光。生活对于每个人来说都非易事，我们必须要有坚韧不拔的精神，最要紧的，还要有强大的自信心，我们必须相信，自己天生具有某些才能，并且，无论付出任何代价，都要把梦想实现。当梦想真正成真的时候，你会发现：如果你有强大的自信，没有人能使你倒下。

“信心”和“希望”应该相互结合，光靠希望也无法实现目标。信心，其实并不神奇，也算不上神秘。信心是这样发挥作用的：相信我能成功——产生足够的能量——梦想成真。每当你相信“我能”的时候，自然会信心百倍。

一般来说，拥有自信心的人对自己的智力和能力会深信不疑，对自己性格内涵也十分肯定，对自己正在做的事情的正确性深信不疑。可见，自信心是一个人对自身的一切深信不疑的心态特征。正因为他们深信自身的正确性，他们才能敢于真诚地表达自己的思想与感情，而不会故意掩饰自己的思想与感情，也就不会违心地顺从别人。

古今中外，人们出于建设更美好的生活的目的，对自己充满信心。自信心的力量是无穷的，是追求成功的有力武器，也是成功的秘诀。

故事穿越

林德曼是德国的一位精神病学专家，通过亲身的实践，给世人留下宝贵的体验。在18世纪，有100余名德国青年先后加入驾船横渡大西洋的行列当中，但是这100余名青年均未生还。当时人们普遍认为，独身横渡大西洋是不可能实现的。

这时，林德曼向大家宣布：他将独身横渡这一死亡之海——大西洋。理由是，他想用自己做个实验，证明强大的自信心对人的心理和肌肉会产生巨大的效果。

林德曼独身出航的十几天后，船舱进水，巨浪打断了桅杆。此时，林德曼已经筋疲力尽，浑身疼痛无比，而且由于长期睡眠不足，开始产生幻觉，肢体也慢慢地失去感觉，潜意识里也常常出现死去比活着舒服的念头。

每当出现这种幻觉，他就会马上对自己说：“懦夫，你想死在大海里吗？不，我一定要战胜死亡之海！”在整个航行的路途里，他不断地对自己说：“我能成功，我一定要成功！”这句话，成为控制他意识的唯一意念，从而产生出了无限的潜能。结果当他被人认为早已葬身鱼腹的时候，却奇迹般地到达了大西洋彼岸。

故事微语

林德曼独身横渡大西洋，给世人留下的宝贵经验中，尤其值得记住的是：他发现了之前100余名德国青年遇难的真正原因，既不是船体的翻覆，也不是达到了生理能力的极限，而是由于精神上的绝望导致信心的失掉。

人在处于绝望状态的时候，最最需要的就是激励。此时我们最先听到的激励声音应该是来自于我们自己的内心。无论如何，不可能有人会像你自己那样激励我们自己。别人的激励仅仅表达对我们的支持，只有自我激励才会带给我们无穷的力量。

心灵箴言

一个崇高的目标，只要不渝地追求，就会成为壮举。

——[英] 华兹华斯

灵魂如果没有确定的目标，它就会丧失自己，因为，俗语说得好，无所不在等于无所在。

——[英] 蒙田

每走一步都走向一个终于要达到的目标，这并不够，应该每下就是一个目标，每一步都自有价值。

——[德] 歌德

畅游书海，摄取知识的琼浆

故事话题

鲁迅先生从小热爱学习。少年时，曾在江南水师学堂上学，由于第一学期取得了优异成绩，得到了一枚金质奖章。他立即把奖章拿到南京鼓楼街头卖掉，然后买了几本书和一串红辣椒。每当晚上寒冷难耐时，他便摘下一颗辣椒，放在嘴里嚼一嚼，然后就会被辣得额头冒汗。他就坚持用这种办法驱寒读书。鲁迅十分重视运用“剪报”的方式积累材料，因此说过：“无论什么事，如果坚持收集资料，积之十年，总可成一学者。”

鲁迅十分讲究读书方法，提倡博采众家。他说：“书在手头，无论它是什么，总要拿来翻一下，或者看一遍序目，或者读几页内容。”只有拓宽了思路，才能增长知识。对于较难懂的必读书，他就会硬着头皮一遍又一遍地读下去，直到读懂为止。他还提倡在“泛览”的基础上，挑选几本自己喜爱的书进行深入研究。在研究中，他主张要独立思考，将观察与实践相结合，用“自己的眼睛去读世间这一部活书”，“使所读的书活起来。”对于自己不懂的地方，他认为“若是碰到疑问而只看到那个地方，那无论看到多久都不会懂。所以跳过去，再向前进，于是连以前的地方也明白了”。

故事解析

书籍传承着人类的文明，它使这些文化代代相传，绵延至今。哲学家说：书籍是人类进步的阶梯，书是最高的营养品，读一本好书就好像与高尚的人交谈。书是人性的净化器，可以洗涤我们的心灵，使我们大彻大悟。俗话说：腹有诗书气自华。一个人如果博览群书，他就会发生微妙而神奇的变化，就可以用审美的眼光来看世界，带着感恩的心情生活，能够惬意的生活在地球上。爱读书的人内心都是丰富的，眼界开阔了，也就拥有自信心了。

读书让我们懂得怎样去学习和生活，如何去克服人生路上的种种困难，而实现自己的宏伟目标，读书还让我们感到生活的美好，享受成长的幸福。

故事穿越

列宁在小的时候就是一个自信的人。这源于他酷爱读书，用知识来丰富自己。列宁在学校里，每门功课的成绩都很好。老师讲课，他用心听。老师布置的作业，他认真书写。列宁每次在做完学校里的功课后，还要读很多课外书。他爱书里那些勤劳勇敢的人，便把他们视为自己的榜样。列宁看书从来不把书弄脏，也不把书到处乱扔。

列宁还经常把书里的故事讲给同学朋友听。他在小的时候就已经成为小伙伴们的“百科全书”，有一次，他和几个伙伴挖到了一个屎克螂的窝，里面有很多圆圆的粪球。有个伙伴问：“屎克螂为什么要把粪球滚到窝里去呢?”大家都答不上来，列宁也被问住了，他承诺第三天把答案告诉大家。他回家后，先是向兄长请教，然后找来好多书籍查找。第二天，他带来了答案：屎克螂把卵产在屎球上，幼虫孵出来后，就可以把屎球当食物。伙伴们都满意地笑了。

列宁读书的速度和理解的深度也十分惊人。有一次，一个人见列宁捧着一本很厚的外文书在快速翻阅，便问他如果把一首诗背下来需要读多少遍，列宁答道：只要读两遍就可以了。

列宁之所以具有这么好的记忆力，与他读书过程中的专心致志是密不可分的。他一旦读起书来，周围的一切就不会理会了。有一次，他的几个姐妹搞恶作剧，将6把椅子在他身后搭了一个不稳定的三角塔，只要他稍微动一下，塔就会倾倒。此时正专心读书的列宁丝毫没有察觉，纹丝不动。直到半小时后，他读完了计划中的一章书才抬起头，木塔轰然倒塌……

到后来，列宁参加了伟大的革命运动，在紧张的革命斗争生涯中，他不幸被捕和流放，但是，在那段时间里，他仍然手不释卷。

他读书时很喜欢在书页的空白处随手写下很多内容，包括评论、注释和心得体会。有时还在书的封面上标出最值得注意的观点或材料。列宁把作批注视为一种创造性劳动，从不草草了事。

他写的批注就像是与书的作者探讨甚至激烈争论。更有价值的是，列宁的重要著作《哲学笔记》就是根据以往所读哲学书籍时所作的批注和笔记汇编而成的。这本书被公认为是马克思主义哲学的经典著作之一。

故事微语

古人云：“开卷有益。”书是人类宝贵的精神财富。读书可以让人明智，读书可以让人聪慧，读书可以让人高尚，读书可以让人文明，读书可以让人明理，读书可以让人善辩……读书的好处只有爱读书的人才知道，读书的乐趣也只有爱读书的人才能体会得到。

朱熹曾经说过：“读书有三到：心到、眼到、口到。心不在此，则眼看不仔细。心眼既不专一，却只漫浪诵读，决不能记，记亦不能久也。三到之中，心到最急。心既到矣，眼、口有不到者乎？”而列宁就是这样做的。

如果我们能做到常读书和常思考，就可以正视自己的短处，努力探究补救途径，总结自己的或同行的成功经验，从中提炼出可借鉴的精华，为理论的突破夯实基础。正如西汉的刘向曾说过的：“书犹药也，善读之可以医愚。”

心灵箴言

书是人类进步的阶梯。

——[苏联] 高尔基

书读得越多而不加思索，你就会觉得你知道得很多；而当你读书而思考得越多的时候，你就会越清楚地看到，你知道得还很少。

——[法] 伏尔泰

多读一些书，让自己多有一点自信，加上你因了解人情世故而产生的一种对人对物的爱与宽恕的涵养。那时，你自然就会有一种从容不迫、雍容高雅的风度。

——罗兰

很高兴遇见你，我的榜样们

故事话题

林书豪生长在典型的华人家庭中，靠着自我努力和鞭策，不单取得了哈佛大学的双学位，还成为篮球场上的风云人物。这故事不单传颂于美国主流社会，也激励了很多正在校园筑梦的青年。他们表示，从林书豪身上学到了相信自己的理念，同时他们也开始等待机会发光发热。

张宗宪目前在夏威夷杨百翰大学打球，是赴美篮球留学的范例，2011年带队打进 NBA 第二级冠军赛舞台，创造了校史最佳成绩也被评为最有价值球员，很类似于当年在哈佛大学领军征战的林书豪。张宗宪说，林书豪在 NBA 担任控卫，确实让他有所启发。实际上今年他也从以往主打得分后卫转为控卫。他说，今年初曾经有过尝试，但在林书豪大红大紫后，更加使教练团与他的想法得到了改变。他说他现正在学习掌握传球时机、视野，也希望借此来敲开 NBA 的路。

庄宗勋现在在 NAIA 先锋大学发展，他认为看林书豪打球可以学到很多东西，促使他在球场更重视传球和团队默契。他认为，林书豪掌握时机的本领特别厉害，这让他们学打美式篮球之余，有了其他的收获。

钟秀鼐和庄宗勋一样在 NAIA 效力圣地亚哥基督学院，他说，林书豪启发他不同的人生观。他说，这位哈佛球员挑战 NBA 越挫越勇，始终相信自己。这教会他在面对迷惘时，能勉励自己坚持下去，相信未来并等待时机发光发热。

故事解析

资深球评杨积仁表示，林书豪打破了外界对篮球运动员“四肢发达、头脑简单”的刻板印象，他在球场上展示出特别多的智慧。这无疑为华人挑战 NBA 打开一扇门，就如当年老虎伍兹证明，非洲裔也能高水平的打高尔夫球，只要苦练就能成才。

毫无疑问，林书豪起到了非常好的榜样效应。首先，他坚信自己，认为通过努力，最终能够取得良好的成绩。事实上，他确实这样做到了。而张宗宪就是看到了林书豪的传奇性的成长，和铸就成功的道路，得到启发，认为自己也应该向林书豪学习，而最终也收获了很好的回报。

故事穿越

2011 年，中国金花李娜在澳大利亚网球公开赛上惜败克里斯特尔斯，获得了亚军，但那是中国人首次站在大满贯的决赛场上。两年后，在罗德拉沃尔的决赛场上，尽管李娜依旧获得了惜败的结果，但我们看到了一个全新的李娜，再度见证了她的成长。

继 2011 年法网夺冠以来，李娜在经历了作为一名优秀的职业选手所必须经受的考验：外界舆论的压力、年龄的增长、伤病的困扰、竞技状态的起伏，这些都给李娜的自信心带来很多的动摇。不难想象，法网夺冠以来国人对李娜的关注和期望值是空前的，此后李娜要面对的挑战是多方位的。

面对挑战，李娜选择了坚强。2014 年，她以不丢掉一盘的战绩闯入了决赛，给人们留下了深刻印象。在决赛上出现了脚踝受伤的意外后，她的笑容和坚持，向世人展示了一个非常自信、不畏挫折，兼具精湛球技和顽强作风的李娜。虽败犹荣，她被国人所敬仰。

榜样的力量是无穷的。李娜的故事，可以吸引更多的有天赋的青少年投身到网球运动中，让中国网球的可持续发展具备更为坚实的基础。这无疑是成为推动网球运动在中国的发展的绝佳动力。

故事微语

你必须向成功者学习，做他们所做的事情，了解他们的思考模式，加以运用到自己的身上，然后再用自己特有的风格，创造出适合自己的成功哲学和理论。

世界级的精英人物，是如何透过自我操练与自我鞭策达到巅峰的呢？他们成功的秘诀是什么呢？答案其实很简单，那就是做你喜欢做的事，然后全心全意的把它做到最好。

你一定要确定好学习的榜样，把自己带入到成功的环境当中，向成功者学习。一个人想得到成功，首先，你必须帮成功者工作。其次，当你离成功很近的时候，开始跟更成功的人合作。然后，当你成功的时候，找成功者来帮你工作。

心灵箴言

自信与自靠是坚强的柱石。

——佚名

教诲是条漫长的道路，榜样是条捷径。

——[古罗马] 塞内加

以身作则对好人来说是固然是绝伦的大好事；但对坏人来说，它的害处是无以复加的。

——[古希腊] 荷马

懂得成为自己想要成为的那个人

故事话题

索尼亚是美国著名女演员，她是在渥太华郊外的一个奶牛场里长大的。

当时她在农场附近的一所小学里念书。有一天她泪流满面地回到家里，父亲向她询问原因。她啜泣着说：“班里的同学说我长得丑，还说我跑步的姿势难看。”

父亲听后只是微微一笑。过了一会儿，他说：“我能摸得着我们家的天花板。”

索尼亚听后觉得很惊奇，不明白父亲到底想说什么，停止了哭声反问道：“你说什么？”

父亲大声重复了一遍：“我能摸得着我们家的天花板。”

索尼亚仰头看着天花板。父亲能摸到将近4米高的天花板，她怎么可能相信呢？父亲笑了笑，得意地说：“不信吧？那你也别信你同学的话，因为有些人说的并不符合事实！”

索尼亚这才明白父亲的用意，任何事，都不能太在意别人说什么，别人说的也不一定对，要按照自己的思路去做事情。

她在二十四五岁的时候，已经稍微有了点名气。有一次，她要去参加一个小型活动，但经纪人告诉她，因为天气不好，所以只可能有少数人会参加这个活动，会场的气氛会比较冷淡。经纪人的意思是，索尼亚作为新人，应该把精力花在一些大型的活动上，来增加自身的名气。但是索尼亚坚持要参加这个活动，因为她在报刊上，承诺过会去参加。

结果，那次在雨中的活动，因为有了索尼亚的参加，人越来越多，她的名气和人气也因此骤升。

故事解析

人生的道路有千万条，只要你把握好方向和目标，走自己的路，就能到达成功的终点。鲁迅先生曾经说过：“世上本没有路，走的人多了，也便成了路。”成功的路是我们走出来的。要怎么走以及以什么姿势走，则取决于我们自己。

或许我们现在正在人生成长的道路上徘徊，但是请记住你是属于你自己的，没有谁能代替，不要太在意别人说什么，你要自己做自己的主人！

我们的命运掌握在自己手中。人生最大的学问就是，如何改变自己的命运，做自己的主人。能掌握自己命运的人，才是独立的人，才能称作自己的主人。他们有自己的想法，更有自己的辨别能力，在事物面前，可以分得清好坏轻重。

无法把握自己的命运的人，骨子里有一种软弱成分。古诗云：“不受尘埃半点浸，竹篱茅舍自甘心。”这样的与世隔绝的隐居生活，曾为许多人所向往。很多人把这样的日子看做是生活的最高境界。其实，这样的人多数是生平不得志，迫于对生活的失望。

其实，路就在你的脚下，就看你如何去走，如何选择。我们要做自己的主人，学会改善自己生存的环境，走自己所选择的道路。

故事穿越

李翔是班级的“神枪手”，写字飞快，每次都是他第一个写完作业，这让班里的人赞叹不已。

可是，李翔也是班级里的“错别字大王”，错别字“伤员”层出不穷，不是这个字多了一撇就是那个字少了一横。老师和家长不止一次的批评李翔，但是他仍然如故、不去改正。

李翔说：“字写得快一点有错吗？我走自己的路，才不怕别人说！”所以每次考试，他都因为错别字被扣很多分，有一次，他的语文考试成绩甚至都没有及格。这时候，他才想起家长和老师的话，从此痛改前非，努力改正错误，直到期末考试的时候，他的成绩跃居班级第一。

二班
不及格

故事微语

“走自己的路，让别人说去吧！”有时是行不通的。当你正在走歪路的时候，别人可能会善意的提醒你，但是如果你把这种善意的提醒当耳边风，就会南辕北辙，适得其反。所以，在“走自己的路”的同时，也请接受别人善意的提醒，尽量避免走弯路、走错路。

根据自己的条件，确定出正确的目标方向，坚强地走下去，就能走出一条阳光大道。无论身处怎么样的困境，经过艰苦的努力后，也能取得光辉的成绩。比如有一些残疾人，虽然身体有缺陷，但是他们仍然凭借坚强的毅力，努力学习，取得了良好的成绩……“世上道路千万条，条条大路通罗马。”我们只要确定好正确的目标和方向，坚定而努力地走自己的路，就能走出困境，走向光明！

心灵箴言

我只有一个忠告给你——做你自己的主人。

——[法] 拿破伦

一个为情感所支配，行为便没有自主之权，而受命运的宰割。

——[法] 笛卡尔

人们可以支配自己的命运，若我们受制于人，那错不在命运，而在我们自己。

——[英] 莎士比亚

第三篇

消除阻碍：很多人心里的恶魔是自己

负面情绪便是你心中的恶魔，阻碍你前进。相反，健康的心理表现为情绪稳定，积极向上。现实就是一种无法改变的客观存在，但如果一味抱怨命运的不公，最终会成为命运的奴隶；若积极地接受并挑战命运，也许会有意想不到的收获。

为人处世，要想在成功的道路上畅通无阻，须先得打开自己的心，然后接纳更多的关爱。

把路看宽点，别只盯着脚尖向前走

故事话题

唐太宗贞观年间，长安城西的一家人家里，有一匹白马和一头驴子。它们相处的很愉快，白马在外面拉东西，驴子在磨坊里推磨。

贞观三年，这匹白马被玄奘大师选中，一起出发经西域去西天取经。

17 年后，这匹白马驮着玄奘和佛经重回长安。它再次见到了磨坊里的老朋友——驴子。老白马向驴子谈起这次旅途：浩瀚无边的沙漠、高入云霄的山岭、常年冰封的冰雪、惊涛骇浪的大海……那些神话般的境界，让驴子感觉特别惊异。

驴子惊叹道："马老兄有多么丰富的见闻啊！那么遥远的道路，驴老弟我是怎么也不敢想。"

老白马说："其实，要说走的路途的多少，你走的一点也不比我少。不同的是，当我向西天前进的时候，你只是在走圈而已。我同玄奘大师有一个遥远的目标，然后便开始按照这个方向一直走下去，所以我们打开了一个广阔的世界。而驴老弟你被蒙住了眼睛，所以一直在一圈一圈的在磨盘附近打转，这就是你的可悲之处。"

故事解析

事实上，杰出人士与平庸之辈在最开始并没有本质的差别，这不取决于天赋，也不取决于机遇，而取决于眼界的宽窄，目光的长短！就像白马与驴子，当白马始终如一地向西天前进时，驴子只是在一圈一圈的在磨盘附近打转。尽管驴子在此期间所跨出的步子与白马相差无几，但是因为缺乏目标，它一生也没能走出那个狭隘的天地。

一个人如果没有确立人生目标，没有追求成长和成功的动力和方向，就犹如始终躺在病床上的植物人，身体虽然没有死亡，但是心灵上已经死亡，多么可悲啊。

所以我们要铭记，我们要想获得丰富的生活，就必须开阔自己的眼界，为自己树立远大的目标。

先天的不足，也许是一种无法改变的客观现实，但如果一味抱怨命运的不公，最终会成为命运的奴隶；积极地接受并挑战命运，也许会有意想不到的收获。

故事穿越

老张带着老婆到北京打拼，没几年，做生意就赚到钱了，两口子就计划着要买辆车。可这年头，在北京买车不难，但买了车停哪儿？可是件真正的难事！

当初买房的时候，小区配有车库，而且价格特别低，仅仅在六七万之间，老张鼠目寸光的想等到买了车再买车库，可没想到北京的有车族发展得这么快。如今为了停车的事，老张绞尽脑汁，人都瘦了一圈。

这天早上，老张下楼的时候，见对面楼的一个男人正在开他自家的车库门。老张不禁羡慕地多看了两眼。那男人把车库门打开，老张看见里面只停放着两辆摩托车。

老张眼前一亮：咋的，这家伙还没买车？他一边想着，一边不由自主地走了过去，笑眯眯地给那男人敬上一支烟，问："大哥，贵姓啊？"

那男人留一对八字胡，不客气地接过烟，说："我姓周。"

老张借机问道："噢，周先生，这车库是您的？"

"嗯，我的。"周先生言语中不自觉地透出一种得意的神色。

老张看看车库，又问："周先生，您的车呢？"

周先生脸上微微一红："还没买呢……先买个车库，车呢，总会有一天买的吧。"

这话触动了老张的心事，他不禁由衷地赞了一句："周先生，你的眼光可放得真远，咳，要是当初我们也像你一样看远点就好了。"

周先生被夸得特别开心，他眉飞色舞地说道："不瞒您说，我和老婆五年前就想得很清楚，北京是什么地方？寸土寸金，今后汽车越来越多，所以就是砸锅卖铁也要把这车库买下来。当时吧，我们买了房就剩不下钱了，最后求爷爷告奶奶，借遍了亲戚朋友，硬是咬牙把车库买下来了。"

老张一听，得，这家伙眼光够"毒"的，5年前就算到了今天的事，如今让他把车库卖掉，那还不是让太阳从西边升起。老张心里大失所望，打了几个哈哈，悻悻地走了。

尽管没有车库，但老婆对有车生活的热情一天天加温，老张万般无奈，一跺脚，最终还是把车买了回来。

老张终于成了有车族。头一天晚上，他小心翼翼地把车开进小区，花了足足半个小时，才将车停在自家楼下的楼梯口旁边。虽说车子上了锁，警报器也是最先进的，可这天晚上老张两口子仍睡得不踏实，竖着四只耳朵注意下面的动静。

也不知什么时候，老张迷迷糊糊中听到下面突然警笛声大作，他一个激灵从床上跳起，穿着裤衩直扑阳台，探头向下面大喝一声：“谁啊？”

下面有个声音大声应道：“我！”接着又小声嘀咕，“谁把车停这儿呀？还装个破警报器，吓我一跳。”

老张听出来是自己楼上的那个女孩，可能是约会回来不小心碰到了车。刚刚松了口气，返回床上才睡一会儿，下面又是警笛声大作，老张光着脚趴在阳台上一看，原来是楼下那个染一头红毛的小伙子，正拿手“咚咚咚”地敲着他的车哩。

老张好不心疼，忙喊：“别敲别敲，那车是我的！”

红毛仰着脖子嚷：“知道是你的车，那也不能停在这儿啊！这不挡道吗？”正说着，下面有人推开窗户，朝上喊：“喂，你那警报器快关了，人家明天还要上班哩。”

如此过了几天，老张两口子就像生活在地狱里，都快被折磨成了神经衰弱。老张想，长此下去不是办法呀。他便又把目光对准了对面那个周先生的车库，如今这几栋楼就他的车库还空着，可是周先生怎样才肯把车库卖了呢？

故事微语

明智的人总会在放弃眼前的蝇头小利的同时，获得更大的利益。只有把目光放长远，才能赢得美妙人生。

眼光有多远，世界就有多大。眼光长远的人，才会有着广阔的天地，敢去拼搏、敢去奋斗。如果你是一个商人，经营眼光往往会决定你的生意能够做多大，以及你用怎样的方式来赚钱。如果你仅仅拥有一县的眼光，那么就只能做一县的生意；如果你有一省的眼光，那么你就只能做一省的

生意；如果你拥有全世界的眼光，那么你就可以做全世界的生意！人的眼光往往会决定人生的高度，以及是否会成就自我。

心灵箴言

人有了坚定的信念才是不可战胜的。

——[美] 贝蒂

人多不足以依赖,要生存只要靠自己

——[法] 拿破伦

有信心的人，可以化渺小为伟大，化平庸为神奇。

——[爱尔兰] 萧伯纳

情绪的开关掌握在自己手里

故事话题

从前，有一个脾气很坏的小孩。他的父亲给了他一袋钉子，告诉他，每次发脾气或者跟人吵架的时候，就在院子的篱笆上钉一根。第一天，小孩钉了 37 根钉子。后面的几天他慢慢地控制自己的情绪，每天钉的钉子也逐渐减少了。他发现，控制自己的情绪，实际上这要比钉钉子要容易的多。终于有一天，他一根钉子都没有钉，他高兴地把这件事告诉了父亲。

父亲说：“从今以后，只要你一整天都没有发脾气，就可以拔掉一根钉子。”

日子一天一天过去，最后，所有的钉子都被拔光了。

父亲带他来到篱笆边上，对他说：“孩子，你现在做得很好，可是看看篱笆上的钉子眼，这些钉眼永远也不可能消失了。就像你和一个人吵架，说了些难听的话，这就在他心里留下了一个伤口，像这个钉子眼一样。插一把刀子在一个人的身体里，即使拔出来，伤口就难以愈合了。无论你怎么弥补，伤口总是在那儿。要知道，身体上的伤口和心灵上的伤口都很难恢复。你的朋友是你宝贵的财产，他们让你幸福，让你更坚强。他们可以随时倾听你的忧伤。你需要他们的时候，他们会帮助你，向你打开心扉。现在你就应该告诉你的朋友你很爱他们，你也可以在他们需要帮助的时候去帮助他们，在他们心情不好的时候去安慰他们，在他们需要朋友的陪伴的时候去陪伴他们。”

故事解析

良好的心理状态是人的一生中适应各种挑战的精神支柱，是保持良好生活质量的动力。人在生活中难免会遇到这样那样的事儿，这就要求个人能够协调和控制情绪，保持稳定和积极向上的心态，善于从生活中寻找乐趣，对生活充满希望。

情绪可催人上进，也可使人陷入困境之中无法自拔。驾驭情绪，掌控

情绪是我们应该培养和锻炼的一种能力。真正健康、有活力的人，是完全可以控制好自己的情绪的人，他们懂得驾驭、协调和管理自己的情绪，不为情绪所累。

人的心理是通过日常活动表现出来的。健康的心理表现为情绪稳定，健康向上，没有不必要的紧张感。主要的精力都放在工作、学习和生活中。尽管人的情绪难免会有好的时候，也有不好的时候，但是，心理健康的人的情绪大方向的基调是轻松愉悦的。他们不仅会工作，会生活，还可以从中获得乐趣。可以这样说，人的情绪是生命中的火苗，情绪越好，生命之火就会燃烧得越旺盛。

一位哲学家说过：“不善于驾驭自己情绪的人总会有所失。”良好的情绪可以为事业和生活提供动力，而恶劣的情绪则会破坏身心健康，而产生很多不必要的麻烦。因而把自己的情绪升华到有利的高度，是最明智的选择。我们在情绪发生剧烈波动的时刻，应该保持清醒的头脑，避免自己发脾气。人的情绪可以受大脑皮层的调节和控制，也就是说人是能够有意识地控制和调节自己情绪的，所以我们可以用理智驾驭情绪，做情绪的主人。

故事穿越

郑主管被经理莫名其妙骂了一通，心里很不痛快，此时恰逢下属李明正在旁边，于是毫不客气的把李明一顿乱批。

李明因为没做错任何事，心里很不爽，整天憋着一口闷气，却无处发泄。终于下班回到家，李明看见正在收拾屋子的老婆，于是不假思索的就对老婆数落一番。

老婆勤俭持家，却无缘无故被数落一番，心情极度郁闷和糟糕，正好看见在一旁玩耍的女儿，于是立刻把女儿一顿臭骂。

女儿无辜被骂后感到很委屈，飞起一脚便给家里的小狗给踢了。

当小狗受到惊吓后，飞奔出门外横穿马路，路过的大巴师傅为了躲避它，差点酿出一场车祸。

故事微语

生活中，保持好自己的情绪至关重要。每个人都有自己的情绪，情绪是一种很飘渺的东西，有时飘渺得让人捉摸不到，但是，无论怎么飘渺，你都要想办法将它捏紧。

有的人可以把情绪收放自如，这时候，情绪已不仅成为他的一种感情上的表达，而且成了他挡避各种灾难有效的武器。有些人掌控不住情绪，无论什么场合，也不管三七二十一发泄一通脾气，则会把场面搞得十分难堪。生活中，每个人都难免会碰到十分恼火的状况。但是，聪明人可以做到把情绪控制住。

自古以来，评价一个人是否可以成为可塑之才的标准，只看一个人的涵养和行事的风格，因此你要成为人上人，必须要学会把情绪操控得当。情绪处理得好，可以将阻力化为助力，进而解危化险、圆融人和。情绪如果处理得不好，则会产生一些非理性的言行举止，轻则误事受挫，重则违法乱纪，造成恶劣的后果。

一个能控制好自己情绪的人可以体验到自己的人生价值，既能了解自己又能接受自己，有自知之明，可以对自己的能力、性格和优缺点都能做出恰当的、客观的评价，给自己确定切合实际的生活目标和理想，对自己无法改变的缺陷，能安然处之。

心灵箴言

怒不过夺，喜不过予。

——荀子

能控制好自己情绪的人，比能拿下一座城池的将军更伟大。

——[法] 拿破仑

成功的秘诀就在于懂得怎样控制痛苦与快乐这股力量，而不为这股力量所反制。如果你能做到这点，就能掌握住自己的人生，反之，你的人生就无法掌握。

——[美] 安东尼·罗宾斯

给那些飘忽的浮躁找个好归宿

故事话题

古时候，在印度有两个相邻的王国，两个王国各有一位王子，一个叫哈姆，一个叫哈伊姆。这两个家族积怨已久，几代人都不曾来往。两个王子也知道彼此家族的怨恨，虽然很少见面，也没发生过什么矛盾，但是一直在心里怀恨着对方。

一天，哈姆骑马到一座丛林中打猎，与同到这里打猎的哈伊姆狭路相逢。为了争抢同时看到的一只兔子，两人在马背上拿着长矛打了起来。在争打中，哈伊姆不小心从马背上掉了下来，他的长矛也脱手了。哈姆也迅速地跳下马，把哈伊姆压在身下，举起手里的长矛，对准他……

哈伊姆毫不示弱，反而瞪着眼睛直视着哈姆大声叫骂起来。这激怒了哈姆，他气得满脸通红，手中的长矛都在颤抖着。可就在这时，哈姆突然扔下了手里的长矛，从哈伊姆的身上挪开，他说：“我们改天再打，你回家去吧。”随后转过身准备离开。

哈伊姆从地上爬起来，追上去拽住哈姆的袖子说：“你刚才可以易如反掌地杀了我，为什么在那一瞬间又放过了我?”

哈姆说：“哈伊姆，我们俩没有私怨，所以一开始见到你时，我是没有愤怒的。搏斗中，你的叫骂激怒了我，但这时我想起了老师的一句话，他曾经告诫过我：‘在你怒气冲天的时候，不要采取任何行动。’所以我冷静了下来。”

哈伊姆非常感动。从此，两个家族也不再有仇恨，两个王子也成了好朋友。

故事解析

事实上，很多事情的处理方式应该很简单，就如上述小故事中的哈伊姆，遇到事情轻易发怒，最终只会将事情弄得更僵。而哈姆在处理这件事情上，先是暴躁震怒，但后来因为想起老师的劝告而突然冷静下来，最终将僵局打破，还交到了好朋友。

浮躁是一种冲动性、情绪性、盲动性相互交织的心理现象。在心灵深处，总有那么一种情绪可以让我们茫然不安，无法宁静，这就是浮躁。浮躁最主要的特点表现就是心神不宁，面对社会的急速发展变化，不知所为、心中没底，十分恐慌，对前途毫无信心。这时候我们就需要找个时间让自己沉淀下来。

故事穿越

萨勒是著名心理学家，他曾经对一群4岁的小孩说："桌上放两块糖，如果谁能坚持20分钟，等我买完东西回来，糖就给谁。但若不能等这么长时间，就只能得一块，现在如果想要的话也只能得一块！"这对4岁的小孩来说特别难选择——每个小孩都想吃到两块糖，但为此不得不熬20分钟；而要想马上吃到糖，又只能吃一块。

实验结果：三分之二的小孩选择宁愿等20分钟得两块糖。当然，他们很难控制自己的欲望，不少小孩只好闭起眼来傻等，以抵制糖的诱惑，或者用双臂抱头不看糖，或唱歌、跳舞。还有的小孩干脆躺下睡觉，为了熬过那20分钟。三分之一的小孩选择现在就吃一块糖。实验者一走，1秒钟内他们就把那块糖塞到嘴里了。

经过十几年的追踪，凡熬过20分钟的小孩长大后都有较强的自制能力，可以做到自我肯定，做事果断有自信，处理问题的能力强，坚强乐观，不浮躁；而选择在刚开始就只吃一块糖的小孩，长大后则表现为犹豫不定、多疑、猜忌、神经质、好惹是非、任性、害怕困难挫折、自尊心易受伤害。这种从小时候的自控、判断、自信的小实验中可以预测出长大后个性的状况，就叫"糖果效应"。

故事微语

浮躁的人对什么事情都浅尝辄止，不会进行深入的研究和付出。浮躁是一种相对的状态，即使特别踏实的人，也有浮躁的时候。但是相对而言出现浮躁的程度和次数要比本身就浮躁的人要少得多。浮躁心理是人们做事情之前所想到达到的目标与最终结果不一致的常见原因。

浮躁的人一味地追求高效率和高速度，做事情前往往既没有什么准备，也没想好如何应对过程中所出现的种种问题。而踏实是一种同浮躁相对立的状态，踏实的人在做事情之前则会准备充分，把过程中可能出现的问题都提前想好对策，不容易出现半途而废的情况。

心灵箴言

无论发生什么事，都要冷静、沉着。

——[英] 狄更斯

自尊不是轻人，自信不是自满，独立不是孤立。

——徐特立

只有满怀自信的人，能在任何地方都怀有自信，沉浸在生活中，并认识自己的意志。

——[苏联] 高尔基

与其常常怀疑，不如看淡释然

故事话题

18世纪的英国有一位富翁，一天深夜他走在回家的路上，被一个蓬头垢面衣衫褴褛的小孩子拦住了。“先生，请您买一包香烟吧！”小孩子说道。“我不买。”富翁回答说。富翁一边躲开小孩一边继续往前走，“先生，请您买一包吧，我已经好几天没有吃东西了”小孩子追上来说。

富翁看到躲不开这个小孩，便说：“可是我没有零钱呀。”“先生，你先拿上香烟，我去给你换零钱。”说完这个小孩拿着富翁给的一个英镑快步跑走了，富翁等了很久，这个小孩仍然没有回来，富翁觉得小孩骗了他，于是就无奈地回家了。

第二天，富翁正在自己的办公室工作，仆人说来了一个小孩要求面见富翁。

于是这个小孩被叫了进来，这个小孩比卖香烟的那个小孩矮了一些，穿的更破烂。“先生，对不起了，我的哥哥让我把零钱给您送来。”“你的哥哥呢？”富翁道。“我的哥哥在换零钱的路上被马车撞成重伤了，在家躺着呢。”富翁心里一颤，深深地被小孩子的诚信所打动。“走！我们去看你的哥哥！”到了这个小孩的家一看，男孩的哥哥果然被撞成了重伤。一见富翁，男孩连忙说：“对不起，我没有给您按时把零钱送回去，失信了！”富翁却被男孩的诚信深深打动了，当时便把孩子抱到了车上，送进了医院，并承担了所有的医疗费。直到后来，富翁了解到两个男孩父母双亡，无依无靠之后，他决定收养了这两个孩子。

故事解析

要敢于相信他人。“敢”字说明信任他人是需要勇气的。在这个时代很多人都感到信任他人和被他人信任都变的越来越难。当信任与被信任越来越难时，很多人便选择睁一只眼闭一只眼。

很多人感慨现在的社会信任太少了，无论是谁和谁之间仿佛都隔了一

层纱。我们总是以一种戒备的心理对待陌生人。但是我们要想在成功的道路上畅通无阻，在生活的枝蔓上采撷甘甜的果实，须先得打开身后信任的口袋，接纳更多的人。需要拆除误解的栅栏，用信任搭建登高的梯子，这样才能到达成功的终点。

信任是一种高尚的情感，是连接人与人之间的纽带。我们有义务去信任另一个人，除非那个人真的不值得我们信任；我们也有权受到另一个人的信任，除非你已被证实不值得获得别人的信任。信任是黄金买不到的，小小的口袋打开了，爱就会被装进来。

故事穿越

从前，在大山脚下有一个人，他在自家的地窖中储存食物的时候，将一把镰刀落在了地窖中忘了带出来。几天之后，他要用镰刀时，才发现自家的镰刀已经丢失了。

放在自己家的镰刀到哪里去了呢？他在自家的门后面，桌子下面，堆柴草的房里到处找遍了，还是没有找到，他就怀疑是他朋友偷去了。

到底是不是朋友家的人偷了呢？苦于没有什么证据可以证明。于是，他仔细地观察朋友家人，总觉得是朋友家人偷了镰刀，看朋友家人那走路的样子，也像是偷了镰刀的，不仅如此，甚至连朋友家人的神态、动作、表情也像，乃至说话时的声调，都像是偷了镰刀一样。总之，越看越像，几乎可以肯定，就是那家朋友偷了自己家的镰刀！

又过了几天，他又要到地窖去储存食物了。当他掀开地窖门，下到地窖里的时候，才发现自家那把丢了的镰刀正躺在自家地窖里的地面上。到了第二天，这个人再去看朋友家人的时候，发现朋友家人的一举一动、一言一行，就连笑的神态，一点儿也不像是偷镰刀的样子了。

故事微语

那个丢镰刀的人，在没有弄清事实的真实情况之前，总是怀疑朋友偷了他的镰刀，且怎么看怎么像，连一举一动、一言一行都像个小偷儿。当他找到镰刀之后，才知道自己怀疑错了。

其实，很多人都会遇到这种情况，多疑是一种常见的现象：有的人看到朋友在一起闲唠，就怀疑肯定是在琢磨自己；有的人找不到东西了，就以为谁偷了自己的东西……整天疑神疑鬼，把自己搞得惶惶不可终日，吃不香，睡不实，精力疲惫，面容憔悴。这正是“世间本无事，庸人自

扰之”，真正的原因就是自己多疑。

遇到事情要调查研究再作出判断，绝对不能毫无根据地乱猜一通。瞎猜疑往往会产生错觉。判断一个人亦如此，不要以自己主观想象作为衡量别人的标准，主观意识太强，往往会产生错误与偏差。多疑源于心理不健康。多疑的人心胸狭隘，容易斤斤计较。

多疑的人思想飘忽不定，容易受人挑唆，无中生有。由于心理不健康，往往给自己制造麻烦。我国古代名医华佗留有一句名言：“多疑也是病。”是啊，多疑也是病，是一种心理疾病，是心灵的“隐性杀手”，我们一定要全力改掉多疑的习惯。

心灵箴言

大胆产生勇气，多疑却产生恐惧。

——[英] 康拉德

怀疑并不是缺点。总是疑，而并不下断语，这才是缺点。

——鲁迅

人须有自信之能力，当从自己良心上认定是非，不可以众人之是非为从违。

——章太炎

勇者无畏，诸多恐惧都是自己吓自己

故事话题

有一位新人歌手，第一次登台演出，看起来十分紧张。想到自己马上就要上场，面对成千上万名观众，她的手心都在冒汗。

“要是在舞台上一紧张，忘了歌词怎么办?”她越想越紧张，心跳也越来越快，甚至产生了打退堂鼓的念头。

就在这时，一位音乐制作人笑着走过来，随手将一个纸卷塞到她的手里，轻声说道：“这里面写着你要唱的歌词，一旦你在台上忘了词，就打开来看。”她握着这张纸条，像握着一根救命的稻草，匆匆上了台。也许有那个纸条握在手心，她的心里踏实了许多。她在台上发挥得相当好，完全没有忘记歌词。

她高兴地走下舞台，向那位音乐制作人致谢。音乐制作人却笑着说：“是你自己战胜了自己，找回了自信。其实，我给你的只是一张白纸，上面根本没有写任何歌词!”她展开手心里的纸卷，果然上面什么也没写。她感到惊讶，自己凭着手里的一张白纸，竟顺利地演唱成功，获得了成功。

“你手里握住的并不是一张白纸，而是你的自信啊!”音乐制作人说。歌手拜谢了音乐制作人。在以后的人生路上，她就是凭着握住自信，战胜了很多次的困难，取得了一次又一次的成功。

故事解析

恐惧是一种心理活动状态，是情绪的一种。因为周围有不可预料或不可确定的因素而导致的无所适从的强烈反应。很多经验不足的年轻人，一旦遇到大场面，都会像这位新人歌手一样紧张，一紧张，就发挥不出应有的水平。

你之所以会紧张或许是因为你的青涩。每个人都经历过青涩的年代，于是每个人都尝试过“紧张”的滋味。当你紧张的时候不妨放松一下情绪，呵呵一笑间，心态就会平和下来。而克服紧张情绪，最终极的办法就是积累经验。一件事情做得次数越多，紧张的可能性就会越小。

要培养“不紧张”的生活状态，可以通过学习英雄人物的事迹，用英雄人物的坚强气概来激励自己的勇气。在平时的生活中有意识地磨炼自己，培养勇敢顽强的作风。这样，即使会遇到挫折或者麻烦，也不会立刻就变得惊慌失措。

故事穿越

韩斯·施义博士是美国的心理学教授，他曾说过：“不要把事情看得太严重，更不要把小事情弄得紧张兮兮的，否则，一旦养成这种习惯，紧张就会越来越严重、厉害了。”所以，为了避免自己总处于紧张之中，最好去寻找一些新的兴趣，改变一下生活状态，这对于驱除紧张会有很大帮助。

必须强调的是，当我们处在焦虑紧张的状态的时候时，一定不要迁怒于人。因为迁怒他人更会损害自己，这反而会导致更严重的紧张情绪。

法国心理学家齐加尼克曾经做过一个实验——“困惑情境”实验。他找来一批实验者，将他们平均成两组，然后布置了任务：这两组成员在相同的时间里完成 20 项工作。其间，齐加尼克对一组实验者进行干预，使他们因此没能完成任务；而对另一组，齐加尼克则不加干预，让他们顺利完成所有工作。

实验结果是，虽然这两组实验者在最开始工作的时候都呈现一种紧张状态，但是，顺利完成任务的那组人的紧张状态逐渐消失了；而那未能完成任务的一组人则持续保持紧张状态，他们的依然被那些尚未完成的工作困扰着情绪。这后一组人的情况就被称为“齐氏效应”，也叫“齐加尼克效应”。这个效应就是指的人们因工作压力而导致的心理上的紧张状态。

故事微语

一个人在接受一项任务后，就会随之产生了一定的紧张情绪，这种紧张情绪只有在任务完成后才会彻底解除。倘若任务完成不了，他将会处于持续紧张的状态之中。

没有一定程度的紧张，就不会有学习和工作上的业绩。但是没有紧张和紧张过度一样都不会使我们取得好的业绩。只有在适度紧张的情况下，才能弹奏出和谐的音符，这就像是琴弦一样，过松奏不出乐曲，过紧则会发出刺耳的音调，甚至会崩断，只有在松紧适度的情况下，才能奏出和谐的声音。

心灵箴言

莫名的恐惧使得我们沉沦为奴隶。

——[比利时] 梅特林克

人之所以迷信，只是由于恐惧；人之所以恐惧，只是由于无知。

——[法] 霍尔巴赫

我认为克服恐惧最好的办法理应是：面对内心所恐惧的事情，勇往直前地去做，直到成功为止。

——[美] 罗斯福

第四篇

积极乐观：你要知道乌云永远遮不住太阳

生活是美好的，充满了激情与活力。你热爱生活，生活也会爱你，你痛恨生活，美好的生活就会弃你而去。幸福是自己内心的一种愉快的心理感受。真正幸福的人首先应该是快乐的。他可以用积极饱满的热情态度对待生活，并且可以从中挖掘自己想要的东西，然后寻找幸福的根源。

丰满的人生少不了挫折的点缀

故事话题

对于中国人来说，周星驰这个名字已经接近于家喻户晓这个地步，无论是《千王之王》 还是《喜剧之王》，周星驰都用他非逻辑性和带有神经质的演技，以及夸张诙谐的“无厘头”搞笑征服了大家，他在短暂的时间里全线飘红，成为影坛不可多得的顶级搞笑人才，身价倍增，由“星仔”变成了“星爷”。

但是，他的一生就像一场波澜起伏的电视剧，从最初的跑龙套开始，他屡受挫折，遭遇了无数的失败和痛苦，但是他始终坚信自己的一句话：“我是一个专业的演员。”甚至于在他被斥骂“连龙套都跑不好”的时候，他也没有忘记这个信念。

他坚持天天去学习、去改正、去尝试、去表演，每天都阅读关于演员自我修养的书籍。他坚信自己就是一个专业的演员，当所有的失败都打击不了他的任何信心的时候，他成功了。

故事解析

古今中外，有自信的人，当别人对他蓄意、恶意提出批评的时候，他可以坦然面对，适时调整好自己的情绪，不会受到太大的影响。人生路上，只要你认真投入，相信自己，便没什么可以阻碍你。只要你多一分信心，你的人生路就会遍洒灿烂的阳光，此时你就可以一步步地走向成功的顶峰。

充满自信的人，往往能在平凡的生活中做出不平凡的事情来。反之，那些胆怯、不自信的人往往即使天赋优良，也难以获取巨大的成就。

人生对每个人都是公平的，都会经历挫折，有挫折的人生才能让你在拼搏中体验征战历程的美。萧伯纳曾经说过：“人生好比两瓶必要喝的啤酒，一瓶是甜蜜的，一瓶是酸苦的，你先喝了甜蜜的，其后必然是酸苦的。”你只不过先喝了酸苦的啤酒，又何必耿耿于怀呢？但能否喝到甜蜜的啤酒，关键则在于你是否可以把握得当。如果你甘于平庸的，那上帝也无可奈何；反之如果你敢于拼搏，奋力争取，那你就有可以品尝到甜蜜。

故事穿越

公元 1914 年 12 月的一个深夜，爱迪生精心制造的设备被一场大火严重毁坏，他损失了约 100 万美元和无法用金钱来计算的工作记录。

第二天早上，爱迪生在埋葬着他多年劳动成果的灰烬附近散步。他说："灾难有灾难的价值，我们的错误全部烧掉了，现在可以重新开始。"

爱迪生的成就却是令人特别佩服，但令人更加佩服的是他面对挫折的勇气。人生路漫漫，难免会经受困难、坎坷或是其他的沉重打击。面对这些，你可以伤心，你可以悔恨，但重要的是不能丧失面对它的勇气，要有勇气战胜自己。

故事微语

席慕容曾经说过："所有的挫折与悲伤，在发生的当时都能使我们受苦流泪，可是，隔了一段距离再来审视，却能觉出一丝甜蜜的酸楚来。当年的失，竟然成为今日的得。只要我们肯耐心地等待，让时光慢慢地工作，慢慢地流成一条宽阔的河流，在那个时候，隔着远远的距离，再端详年少时的你与我，便会看出那如水洗过一般的清明与洁净，那像天使一般美丽的面容了。"

挫折是无处不在，生活中我们会遇到很多艰难。挫折本身并不可怕，可怕的是我们没有降服挫折的信心。很多人逃避挫折，然而这种人永远无法构筑人生的丰碑！真正的人生需要历经挫折的考验，如果缺乏正视挫折的勇气和魄力，那就无法面对现实，无法驾驭生活。

战胜挫折要具有强大的信念。信念不仅是人生奋斗的内在支柱，还可以支撑我们的身心健康。一个热爱生命的人会坚强，一个坚强的人才可以掌握自己的命运。拥有信任，就会产生百折不挠的毅力。歌德在失恋后，凭着信念，写出《少年维特之烦恼》，名冠欧洲；苏秦凭着信念，头悬梁、锥刺股，奋发图强终于成为历史上“合纵攻秦”的齐国首相。

“莫道浮云终蔽日，严冬过尽绽春蕾”，遭受挫折煎熬的朋友们，不要顾影自怜，悲天悯地，要学会逆水行舟，勤勉向上，战胜挫折。

心灵箴言

短时期的挫折比短时间的成功好。

——[古希腊] 毕达哥拉斯

一切幸福都并非没有烦恼，而一切逆境也绝非没有希望。

——[英] 培根

困难是欺软怕硬的。你越畏惧它，它愈威吓你。你愈不将它放在眼里，它愈对你表示恭顺。

——宣永光

自卑是一时的，该丢弃时就果断丢弃

故事话题

从前，在一个玩具车拍卖会上，一个小男孩儿每次都以 5 法郎的价格第一个喊价，却从不加价。拍卖师忍不住停下来问小男孩，他说：“我很喜欢这个玩具小车，但是我仅仅只能拿出 5 法郎。”

拍卖会如常进行，小孩儿依旧是第一个报价，但很快就以高于 5 法郎的价格被其他人买走了。这样到了最后一辆玩具车的时候，大家都看起来特别紧张，因为这次拍卖会这其中最好的一辆玩具车了，不仅样式好看，而且功能还特别多。但是大家因为都已经买过其他的车了，不是不再需要就是没有富余的钱了。

这时，小男孩儿以更加急切的声音报价 5 法郎，这次，没有人加价格，问过三遍之后，拍卖师一锤定音，小男孩儿终于激动地用已捏出汗的钱换来这辆玩具小车。

这个小男孩儿只有 5 法郎，他要得到玩具车，唯一的办法就是以坚持，以一种耐心和虔诚的努力……

故事解析

人的意志力和自信心，就像鸟的两只翅膀，只有同时强化这两个方面，才能够飞翔在蓝天之中，自由翱翔。电影《英雄本色》中有一句台词：“连你自己都没有信心，别人怎么去帮你。”对付自卑的方法就是主动出击，因为这是一个自我成长、自我认识和自我定位的过程。

自信并不是说对自己完全而盲目的相信，是对自己的明确的认识。自卑虽然普遍存在，看似无大害，但由于它影响的是人们对幸福的感受，所以说，一个长期被自卑笼罩的人很难享受到幸福的感觉，自然也就不可能有发自内心的快乐。

$5

故事穿越

农民家养了三只小白兔和一只小黑兔。三只小白兔因为有雪白的皮毛而骄傲，而对那只小黑兔不屑一顾。“你自己看看自己像什么，黑不溜秋的，像锅底。”“依我看呀，像炭灰。”“像盖了几辈子的被褥，恶心死了。”

不但三只小白兔瞧不起它，连农民也瞧不起小黑兔，常常给它吃最差的草料，时不时还踢它几脚。小黑兔过着寄人篱下的日子，也觉得自己不如那三只小白兔，常常伤心地独自流泪。

初春的一天，小白兔和小黑兔一起外出吃草，走得很远。不料寒流突然袭来，下起了鹅毛大雪，它们躲在灌木丛里相互依偎着……不一会，灌木丛和周围全下满了雪，整个世界都成了雪的天地。它们打算回家，但积雪太深了，根本无法行走，它们只好挤做一团，等待有人来救它们。

农民发现四只小兔不在兔笼里，便立刻上山找，但四处一片雪白，哪里能看得到兔子的影子？正在这时，农民突然发现远处有一个小黑点，便快步跑去。到那一看，果真是他那濒临死亡的四只小兔子。

农民抱起小黑兔，感慨地说：“多亏小黑兔，不然，兔子可能要冻死在雪地里了。”

故事微语

自卑能促使人走向成功。威特·波库曾说过：“在每个人的内心深处都有一种灵性，凭借这一灵性，人们得以完成许多丰功伟业。”这种灵性是潜在于每个人内心深处的一股力量，即维持个性，对抗外来侵犯的力量。它就是人的“尊严”和“人格”。人们为了维护自己的尊严和人格，就要求自己克服自卑，战胜自我。因此，令人难堪的种种因素往往可以成为发展自己的跳板。一个人的真正价值，道德取决于能否从自我设置的陷阱里超越出来，而真正能够解救我们的，只有我们自己。即所谓“上帝只帮助那些能够自救的人”。

不是有小黑兔的存在，农民是很难找到其他的三只小兔子的。这个小

故事也告诉我们，每个人都有自己存在的价值，人不分贵贱，更没必要自轻自贱。自卑是成功的敌人，就像阴影般地遮蔽了阳光，也遮住了我们的心灵。它使我们变得怯懦，经不住生活的坎坷。因此，我们一定要战胜自卑。而战胜自卑，不能只是嘴上说说，必须要付诸实践，见于行动。要以实际行动改变自己，即使面对再大的困难险境，也要学着平静面对。

心灵箴言

人应该谦逊，但不能自卑。

——[美] 姚乐丝·卡内基

自卑往往伴随着怠惰，往往是为了替自己在其有限目的的俗恶气氛中苟活下去作辩解。这样一种谦逊是一文不值的。

——[德] 黑格尔

当你喜欢你自己的时候，你就不会觉得自卑，当你宽容别人的时候，你就不会感到自己和别人站在敌对的地位。能有这种感觉时，你即使仍然没有很多的朋友，你也一样会觉得满意和心安理得了。

——罗兰

失败的结果：是逗号，不是句号

故事话题

爱迪生是美国大发明家，他只上过几年小学，并没有什么高学历，但他从小就迷上了发明创造，1877 年开始，爱迪生决心发明电灯，而且这电灯必须兼顾安全而长寿。他先后试验了 1600 多种灯丝材料，都失败了。

一次次失败的试验，并没有让爱迪生气馁，反而通过反复试验，他总结出玻璃泡必须保持真空状态，于是他把碳化棉丝装进了真空玻璃泡内，1879 年 12 月 21 日，他和助手接通了电流后，这只电灯亮了，成为世界上第一盏电灯，灯丝在 48 小时熄灭了。以后，爱迪生又成功地用竹丝作灯丝，并成功在市场上出售，后来又用碳化纸条作灯丝来降低成本，终于普及了电灯。再以后，他又将灯丝的材质改成钨丝，并在灯泡内加入一些惰性气体，不断完善灯泡。

有记者采访爱迪生，问：“你发明电灯，经历了 1600 次的失败，怎么能坚持不断试下去的？”爱迪生回答说：“这 1600 多次的试验，不是失败，而是证明了 1600 种方案行不通，这也是一种成功，没有这些，最后是发明不出电灯的。”

爱迪生纪念馆门前有一座几米高的电灯的雕塑，在底座上刻了一行字：“你给世界带来了光明”。

故事解析

爱迪生的每一项发明创造，都是多次失败后的产品。只有正视失败，才能超越失败。

失败后不应该有消极的情绪。情绪可以化解，失败却是人生宝贵的经验。任何人都会遭遇诸多的失败。一个从未失败过的人，他的人生也毕竟没经历过什么。罗马哲学家席内卡说：“你若是一个人，就应该崇拜那些尝试过伟大事业的人；即使他们失败了，也值得赞美。”这不就是不以成败论英雄的高明见解吗？失败并不可怕，可怕的是消极的情绪，它就像是

内在的敌人，我们必须小心防备。

人生若是一场战斗，那么我们全力以赴，争取取得这场战斗的胜利。偶尔的休息一下，这样便可以重新出发，可以走更远的路，可以在下一回合的挑战中做出漂亮的一击。

故事穿越

李璞璘是中国人民大学的研究生。她在毕业后和其他同学一样，成为了求职大军中普通的一员。

初出校门的李璞璘，因为具有名校的背景、硕士的文凭，所以对求职前景充满了信心。但是，第一次应聘，李璞璘就遭遇了“滑铁卢”。那次，她去应聘国内一家知名互联网企业应聘人力资源管理职位。她很顺利地通过了笔试，面试时，李璞璘因为优秀的表现，也顺利入围。可是名额有限，那家公司最终录用了另外一名更优秀的女孩。初战告败，给心高气傲的李璞璘当头一棒。

一个月后，李璞璘放低姿态，继续去参加了某国际知名能源外资企业的应聘。当她顺利地通过严格的面试，闯进复试的时候，却因为女性的身份，再次被无情地刷了下来，那家公司最后只录用了3名比她差得多的男生。她十分气愤面试公司的性别歧视，但还得继续找工作。

此后，李璞璘又先后有了20多次求职经历，虽然有8次入围最终的面试，但每次都是铩羽而归。天生不服输的她只能继续投简历，面试……只是，在“战斗”之余，她还寻找到了其他的求职新路。

一天，李璞璘在经过路边的一家书店时，无意中发现该书店的橱窗上，摆了很多与《求职成功学》类似的书籍，可没有任何一本“求职失败学”之类的读物。突然，她灵光一闪，心想：自己失败的求职经历这么多，而这些经验，本身就是一笔巨大的财富，何不把它们编写出来，给其

他求职者一些启发和帮助，这应该会有更广阔的读者市场。而这样一来，还能快速有效地宣传自己，让有缘的招聘主管看到后了解到自己，从而顺利找到工作，那不是一举两得吗？

想到这里，李璞璘兴奋极了。于是，从2013年的4月27日起，她开始在博客上连载自己求职失败的惨痛经历，并起名为《我为什么没有拿到录用通知的十个故事》。真实的故事、幽默的语言、实用的建议、深入的分析，在短短几天时间内，她博客的点击率就突破了2万。此后，网友甚至把她的博客当成了日常讨论的论坛。

网上的热闹很快就带来了现实的热闹，一时间，很多大型的知名网站纷纷邀请李璞璘去做节目，让她讲解求职真经。让李璞璘更加意想不到的是，由于博客浏览量的迅速暴涨，她引起了某知名网络公司人力资源主管的注意，并被该公司高薪录取。

故事微语

在人生的道路上，任何人都会遭遇失败。而实际上这些失败本身就是最宝贵的财富。如果你能总结失败，利用失败，战胜失败，那么，你也会像李璞璘一样成功。

可以肯定地说：没有人喜欢失败。因为，失败大多是一些令人痛苦的经历。然而，无论是什么人，一生都会遭遇很多失败。无论你多么伟大，多么不同凡响，只要你活着，那么你就历经失败。

“失败是成功之母！”所有的人都渴求成功，那么就必须做好随时迎接失败的准备。不付出代价的成功是不存在的，要想获得成功就必须付出勇气，这种勇气，就是坦然面对失败的勇气。

心灵箴言

失败也是我需要的，它与成功对我一样有价值。

——[美] 爱迪生

我们关心的，不是你是否失败了，而是你对失败能否无怨。

——[美] 林肯

无知者比有知者更自信。只有无知者才会自信地断言，科学永远不能解决任何问题。

——[英] 达尔文

自信的人不需要虚假的面具

故事话题

自东汉末年大乱，到三国鼎立，各地征战不已，因为兵荒和灾荒，百姓死亡惨重，不少地区甚至出现了“千里无人烟”的状况。

魏文帝也就是曹丕代汉后，战争仍未平息，为发展生产、增加兵员，魏国就采取了增加人口的措施，其中一项措施就是令寡妇改嫁。有不少地方官员为了邀功请赏，谎报婚配数目，甚至有以“生人妇”充数寡妇，因导致民怨沸腾，痛哭于路途。

河东郡太守赵俨就向魏文帝谎报多了寡妇婚配数目，文帝找到前任太守杜畿所报的数，便问杜畿：“前君所报何少，今何多也？”杜畿回答说：“臣前所录皆亡者妻，今俨送生人妇也。”文帝和他左右才知道赵俨弄虚作假，顿时变了脸色。

杜畿是三国时的好官，他在河东十六年，政崇宽惠，与民无为，深得民意，他按照政策，是寡妇便使之婚配，臣民也没什么抱怨的；而赵俨接任后为邀功竟向魏文帝多报，以“生人妇”充寡妇。可见，同是一个河东郡，在职的太守不一样，所报就虚实有异，人民的处境也就不一样。

故事解析

做人虚伪，等于自掘坟墓；做人虚伪，只能自食其果。也许会得到暂时的好处，但是时间一长，任何的谎言都会被拆穿。

俗话说：“骗人的人，最终欺骗的是自己；害人的人，最终害的是自己。”这句话指出了人们对撒谎者的态度，以及撒谎了以后所造成的恶果。所以，为了自己的安危，还是不要撒谎的好。在现实生活中，我们可能会面临十分复杂的环境，也可能会面对多种多样的诱惑，但这样并不能妨碍我们袒露真诚的心灵。

人可以贫穷，但绝不能不真实。一个人从小就应该诚实做人，要明确地挣脱各种利益的引诱和束缚，做到不是自己的东西，绝对不能拿。而是靠自己的双手去创造。

故事穿越

项羽是一个被大家所熟知的人。论抱负，在秦始皇出游时，路上所有的行人部驻足观看而不敢仰视，只有项羽敢说出“我可以取代他”；论能力，“力拔山兮气盖世”的他可以仅率 28 骑在层层包围中，杀汉将、夺汉旗，仅用死两个士兵的代价冲出了包围圈；论谋略，项羽在与秦兵作战时，战无不胜，攻无不克，令秦军闻风丧胆。那么，究竟是什么原因导致一个英雄落得个“自刎”的下场，演出了悲楚凄惨的“霸王别姬”呢？是信誉。

项羽攻克城池后，并没有像刘邦一样“约法三章”，因此失去了百姓的信任；在鸿门宴上，项羽本打算杀刘邦，但被项伯劝了几句便打消了这个念头，谋士范增几次举杯示意项羽动手，但项羽爱面子，所以视而不见，在刘邦托辞离去后，项羽依然没派人去追，反而接受了刘邦托张良所赠送的玉佩，气得范增当场把玉佩摔得粉碎，骂道：“竖子，不足以谋。”而失去了谋士范增的信任；项羽在对待手下将领方面，也不够和善，动不动就打骂手下的将士，导致手下的将士敢怒而不敢言，对项羽也都不再信任。

如此，在项羽的军队强大时，百姓都不敢说话，但心已倒向刘邦一边，手下将领也能按照他的命令去行事，但肯定没有刘邦的军士那么卖命。而当项羽的军队减弱时，百姓便开始公然支持刘邦，手下的将领也开始变得无心再战。“失人心者失天下。”所以，项羽的悲剧也就成了必然的结局。

故事微语

通过历史故事可以看出，讲信誉是多么重要的事情。现在也一样，只有远离了虚伪，才能在社会上立足。

真实可以体现在我们生活中的每一个微小的细节中，小到一句话，一举手，一投足。真实就是要透明、坦荡。做人要敢于喜形于色，态度鲜明，光明磊落，诚实做人，好也罢，坏也罢，最好都可以让他人一眼就看

出来。因为人们最痛恨的就是那些阴险狡诈、含而不露的小人。

现实生活中，大家大都感觉到做人难。其实，如果每个人都能做真实的人，那就没有什么难的了。就是因为人类的不真实，才给做人带来了难度，也给社会的和谐增加了困难。要想真正让我们的社会和谐，办法就只有大家都做透明、襟怀坦白的真实的人！

心灵箴言

虚伪不可能创造任何东西，因为虚伪本身什么也不是。

——[苏联] 格拉宁

我们应该顺应自然，立在真实上，求得人生的光明，不可陷入勉强、虚伪的境界，把真正人生都归幻灭。

——李大钊

许多虚伪的人用粗暴来掩饰他们的平庸；你碰撞他们一下吧，他们就像用别针扎着的气球一样，瘪了。

——[法] 巴尔扎克

给自己营造一个不抱怨的世界

故事话题

1814年，一个男孩出生在了德国法兰克福的一个富豪家庭，他在那里度过了无忧无虑的少年时代。出乎人意料的是，在1833年，他的家族，因政治迫害逃到了瑞士，家道中落，让他尝到了从未有过的艰辛，他的脾气也因此变得十分暴躁。

有一天，他路过一块农田，因为刚刚发生了一场洪水的侵袭，长势良好的庄稼被无情地破坏，一片狼藉，惨不忍睹。

这不禁让他联想到自己坎坷的命运。这时，远处一个正在劳作的农民进入了他的视线。庄稼已经完全破坏了，他还在忙什么?他好奇地想。走近后，他看到那个农民正在补种庄稼，他干得非常卖力，脸上看不到任何沮丧的神情。“庄稼被毁掉了，你难道一点也不生气吗?”他问。“抱怨是没有一点效果的，那样只会使事情变得更糟糕。这都是上帝的安排，您看洪水虽毁坏了我的庄稼，但是却带来了丰富的养料，我敢保证今年一定是个丰收年。”说完，农民哈哈地笑了起来。

农民的话给了他极大的触动，是啊，抱怨不能改变任何事实，反而只会让事情变得更糟糕。他深深地对农民鞠了一躬，觉得心中所有的郁闷与烦恼都烟消云散了。

后来，他因为特别喜欢科学研究，而成了一名药剂师助手，那时，因为没有合适的奶制品，婴儿的死亡率很高，他于是开始着手研究可以让婴儿减少死亡的奶制品。研制的过程中，他经历过很多次失败，但每次失败时他都会想到那位农民的话，因此也就不再抱怨，以更加积极的心态投入到研究中去。

1867年他成立了自己的食品公司，他用他亲自研制的婴儿奶麦粉成功地挽救了一位因母乳不足而营养不良的婴儿，从此，他开创的这家公司辉煌超过了百年历程。

这个年轻人就是亨利•内斯特莱，他所成立的食品公司叫雀巢。

Nestlé

故事解析

《遇见未知的自己》的作者张德芬在书中写道：“抱怨是最消耗能量的无益举动。”很多时候，我们会针对各种不如我们心意的事情和人表示不满，于是抱怨的话语就时刻在脑海里回荡。而天下只有三种事：我的事，他的事，老天的事。抱怨自己的人，应该尝试着接纳自己；抱怨他人的人，应该试着将抱怨转成请求；抱怨老天的人，请就用祈祷的方式来诉求你的愿望。这样一来，你的生活便会发生很大的转变，你的人生也会变得更加地美好、圆满。

俗话说：“人生不如意事常八九。”每个人的人都不是完美的，有人在不如意时一味抱怨，于是他们终日郁郁寡欢、牢骚满腹。而有人在不如意时不烦躁、不抱怨，努力改变现状。一味抱怨的人常常只能徘徊在原地，而努力去改变的人，总能用智慧发现机会，并把握住机会，使人生过得精彩而美好。

故事穿越

有一条满腹牢骚的鲤鱼生活在大海里，它时常感到危机重重，于是一心想找个机会离开大海，去过安逸的生活。

一天，它被渔夫打捞上来，高兴得在鱼网里跳来跳去：“这下可好啦！总算逃出了苦海，可以自由呼吸了！”可是当听到渔夫与他儿子商量着晚上炒了它还是炖了它的时候，它昏了过去。

醒来时，它发现自己在一个破水缸里。原来它那身漂亮的花纹救了它。渔夫觉得少吃一条鲤鱼实在无所谓，何况这只鲤鱼的花纹如此漂亮！

鲤鱼欢畅地游来游去，在那只破水缸里。每天，渔夫总会往水缸里放

些鲤鱼虫，鲤鱼很高兴，不停地晃动身子，展示它漂亮的服饰，讨渔夫喜欢。渔夫真的乐了，又撒下一大把鲤鱼虫，鲤鱼大口地吃着，累了就停下，打个盹。鲤鱼儿开始庆幸自己的美妙命运，庆幸自己有一身花衣服。想到当初在海中，每天不得不辛苦的去寻找食物，还得时时提防天敌的突然袭击。它大口咽下一群鲤鱼虫，自言自语的说："这才是幸福生活。"

日子一天一天地过，鲤鱼儿一天一天地游来游去。它似乎有些厌倦，但再也回不到大海中去了。"我是一条漂亮鲤鱼。"它有时间就这样自言自语。

渔夫要出远海了，十天半月后才能回家，留下儿子一人。第一次，漂亮的鲤鱼没能按时吃到鲤鱼虫。第二天，依然没能吃到鲤鱼虫，他开始抱怨渔夫的儿子居然如此怠慢像它这样美丽的鲤鱼。第三天，他渐渐支持不住，饿得直发慌。想当初在海中，即使十天吃不到食物，它依然行动敏捷，现在身子发胖了，游水的本领也大不如前。第四天，终于有吃的了，不是鲤鱼虫，而是渔夫儿子吃剩的残羹。来不及嫌弃，鲤鱼大口大口的嚼了起来，它饿得实在受不了了。此后渔夫儿子总是隔三差五地送些残羹，鲤鱼也总是抱怨不停。

终于，传来了消息，渔夫在海上遇难了。渔夫的儿子收拾东西搬家了。什么都带上了，只是没有带上那条漂亮鲤鱼。鲤鱼在缸里大喊："嗨！带上我，别丢下我！"但是没人理睬。

四周静悄悄的，只剩下一口破水缸和一条漂亮的鲤鱼。鲤鱼很难过，一方面是因为渔夫待它实在不薄，现在却遇难身亡。另一方面是它想到了自己，今后无人照料，困于水缸。

鲤鱼抱怨，抱怨水缸太小，抱怨吃的太差，抱怨渔夫儿子怠慢于它，抱怨渔夫轻易出海，甚至抱怨它决意离开大海时同伴们为什么不加阻拦，抱怨它所看到、感知到的一切，只是忘了抱怨它自己。

它又开始幻想：一个有钱人路过此地，看到了它，特别喜欢它，于是把它小心地收好，养在家中的大水缸里，每天都有可口的鲤鱼虫……

太阳落山了，四周静悄悄的，渔夫的家里只剩下了一口破水缸和一条死鲤鱼。

故事微语

习惯抱怨的人，几乎都拥有同一个“白日梦”：认为自己应该顺风顺水，不需要付出太多努力，就能享受美好生活。所以，当他们发现现实并不如自己所愿，或者曾经付出的一些努力并没有收获时，开始变得怨天尤人，没有自信，而抱怨，就成了他们逃避残酷现实、企图找回自我价值的工具。

总是抱怨的人，他们往往认为不顺利都是由不可控的因素造成的，所以不会去设法改变现状。这种习惯使他们失去了责任感和行动力。而避免抱怨的一个高情商的做法是：化抱怨为改变。最新研究发现，一旦有人开始抱怨，会引发更多人加入到抱怨的行列；相反的，当有人提出解决方案时，很快也会有其他人进行响应。所以，当对自己生活状况不满足时，不妨先平复失望情绪，然后寻找可以提供建议的人，一起探讨如何改变。

心灵箴言

永不抱怨的人生态度才是第一位的。

——马云

人生是不公平的，习惯去接受它吧。请记住，永远都不要抱怨！

——[美] 比尔·盖茨

如果我写了一千页，过筛以后，八百页扔进字纸篓，只留下二百页精华，我也绝不抱怨。

——[奥] 茨威格

第五篇

敢于争取：为了能遇见成功请做好准备

生只有经历数不清的挑战，生命才能焕发光芒。争取是铁骑前进的冲锋号。美好愿望光是敢想还远远不够，还得敢做。不要抱怨命运，行动才是力量。只有行动才可以改变你的命运，才是刺破苍穹的火箭弹。

不与他人比较，做自己的突破者

故事话题

故事一

有一个人在小河边钓鱼，他钓了很多的鱼，但每钓上一条，他都会拿尺量一量。只要比尺大的鱼，他都会丢回河里。有人看到这种情况，不解地问：“别人都希望钓大鱼，为什么你会将大鱼都丢回河里呢？”

这人轻松地回答：“因为我家的煮饭的锅只有尺这么长，太大的鱼装不下。”

故事二

有两位武士都在森林里练剑，第一位武士在树下看到了一枚金色的盾牌，另一位武士在同一棵树下看到了银色的盾牌。

金盾牌还是银盾牌， 两个人为此争吵不休，气得两人都拔出剑来准备一决高下，两人整整厮杀了几天都没有分出胜负，当两人累得坐在地上喘息时才发现，他们发现的盾牌的正面是金色，而反面却是银色。

故事解析

故事一解析：“够用就好”是一种不错的生活态度。当人们自助餐厅毫无忌惮的吞食的时候，是多么可怕的景象啊。取自己够用的，不贪求大，也不贪求多，也是一个重要的修练。

故事二解析：原来这是一个双面盾牌，一个坚持己见者将看不全面事情的本质。

人之所以要互相攀比，最主要的原因还是虚荣心在作祟，如果是好朋友，互相攀比着共同努力，是好事，此时的攀比可以推动着朋友之间互相成长。但是这种情况特别少。

故事穿越

一群蜘蛛组织了一场攀爬比赛。蜘蛛围着铁塔，看谁是到达塔顶的冠军。铁塔高耸入云，老实说，观众中没有谁会相信这些小小的蜘蛛能到达塔顶。

比赛一开始，观众们就开始鼓噪：“这太难了，肯定到不了塔顶！”他们不是给比赛者“加油”，而是在泼“冷水”。听到这些喝倒彩的议论，往上爬的蜘蛛一个接一个的开始泄气了。

观众们继续呐喊：“别爬了，别爬了！”“下来吧，下来吧！”……

越来越多的蜘蛛感到疲惫，一个接一个地退出了比赛。最后，只剩下一只蜘蛛一个劲地往上爬，一点也没有退却放弃的意思。它费了很大的劲，终于成为唯一的一只到达塔顶的成功者，成为这次攀爬比赛的冠军。

所有的蜘蛛都想知道他怎么会攀爬成功的，一个个跑去问他。

结果发现，这只到达塔顶的蜘蛛原来是个聋子。

故事微语

像上述故事中的蜘蛛一样，心无杂念，才能勇往直前。人的烦恼大都是从比较、计较中而来的。襁褓期间，婴儿运用感知，“比较”谁的疼爱多，借着哭声表达自己的“计较”；上学读书时，大家开始“比较”谁的分数高，“计较”老师是否偏爱某个同学；踏入社会以后，则“比较”谁的薪资高，“计较”老板是否公平的对待所有的员工。有了比较、计较，纷争也应运而生。

古人云：“至道无难，唯嫌拣择。”所言不假！反观现代青年之所以难以融入这个社会，无非是些平凡的琐事，只要别人一句难听的话语、一个难看的脸色，就会怒火中烧，闷闷不乐，而此时我们真正要学的就是体谅别人，委曲求全。我们唯有抱着“不比较、不计较”的态度待人处事，才能得到自在人生。

心灵箴言

自信是向成功迈出的第一步。

——[美] 爱因斯坦

信念，你拿它没办法，但是没有它你什么也做不成。

——[英] 撒姆尔·巴特勒

坚信自己的思想，相信自己心里认准的东西也一定适合于他人,这就是天才。

——[美] 爱默生

有改变，才能有进步

故事话题

一只鹰在40岁左右的时候，它的喙便会变得弯曲、脆弱，不再可以做到一击而制服猎物；它的爪子开始变钝，不能抓起奔跑的兔子；双翅的羽毛也开始变得沉重起来，再也不能够自由飞翔。这个时候，鹰面临两个选择：一是回到巢穴，静静等死，二是通过150天的漫长煎熬，获得重生。

如果一只鹰选择了重生，那么它必须拼尽全身的力气飞到山崖顶端，在那里筑巢。然后，它要忍受饥饿和疼痛，在岩石上日复一日的敲打它的喙，直至脱落。

等到新喙再长出来，老鹰就会更为决绝的亲自用新喙将磨钝的爪子一个个拔出，直至长出新的、锋利的爪子。

在这两件事情完成后，老鹰还要把那些粗壮、沉重的羽毛从翅膀上一根根拔掉，让新的羽毛重新长出来。当这痛苦的150天过去的时候，老鹰便“返老还童”，可以再次获得30年的新生，重新搏击长空。

故事解析

改变，总是漫长而痛苦的。也许现在我们现在还没有面临像鹰那样的重生时刻，也许我们的生活不至于死亡。但是，扪心自问，现在的生活是自己想要的吗？或许你是一个怀旧的人，会舍不得留了很久却已经枯黄的头发，会舍不得已经买了很久却已经不实用的东西，会舍不得已经已经褪色的回忆，一直都在回望，却忘了前面的路。

那些舍不得变成了一个个的坎儿，让你停滞不前。如果你面临了鹰那样的困境，是否愿意痛苦的敲掉自己的喙，拔掉爪子和羽毛呢？

变化是永恒的，改变却很艰难。因为，改变需要很大的勇气。鹰的行动告诉我们，要改变生活，获得重生，就必须去忍受一个漫长而痛苦的过

程。改变，有时被赋予了“重生”的含义，老鹰的改变获得了重生，而我们的每一次改变不是也是在获得新生吗？所以，我们要将改变付诸行动，懂得承受痛苦乃至享受在重生过程中的痛苦，勇于舍弃、改变和追逐，才是人生永恒的主题。

故事穿越

很久很久以前，人类是赤脚走路的。有一位国王到某个偏远的山区去旅行，因为路面十分崎岖，路上铺上了很多碎石子，扎得他的脚又痛又麻，这让他又烦又恼。回到王宫后，国王立刻下了一道命令：将全国所有的道路都铺上一层牛皮，使大家免于刺痛之苦。

但即使杀了所有的牛也远远不够把“所有的道路都铺上一层牛皮”，而这所花费的钱财，使用的人力，则是难以估计。虽然，这不可能办到，但因为是国王下达的命令，大家只好摇头叹气，遵命行事。

一位聪明的官员向国王谏言：“国王啊！那么兴师动众，牺牲那么多牛，花费那么多钱很没有必要啊！您不如用两小片牛皮包住你的脚，这样就不会被碎石子扎到啊！”国王听了大吃一惊，也立即领悟了他的意思，于是，立刻收回成命，采纳了这个建议。

据说“皮鞋”就是这样得来的。在现实生活中，要改变世界很难很难，而改变自己，则较为容易。如果你希望看到世界的改变，那么，首先要改变的就是自己。

故事微语

如果自己先改变了，身边的人才可能会跟着改变；身边的人改变了，其他人才可能会跟着改变；其他人改变了，更多的人就可能会改变，更多

的人改变了，世界才可能会改变……从这个意义上来说，先改变自己，才可能改变世界。

俗话说："逆水行舟，不进则退。"水流有缓急，行舟的方法也要随之改变。我们应准确的把握最新形势，及时形成更有利的思路，勇于做出改变，不断开辟新的空间，进而实现长远的发展。

心灵箴言

如果想试图改变一些东西，首先应该接受许多东西。

——[法] 萨特

我们对自己抱有的信心，将使别人对我们萌生信心的绿芽。

——[法] 拉罗什富科

要学会把你的精力集中到你能改变的事情上，不要为那些你不能改变的事情担忧。

——[美] 克雷恩

敢追求，想到就努力去做到

故事话题

戴尔·泰勒是美国西雅图的一所著名教堂里德高望重的牧师。有一天，他向学校里一个班的学生们讲了一个故事。

有一年冬天，猎人带着猎狗去打猎。猎人一枪击中了一只兔子的后腿，受伤的兔子拼命地逃生，猎狗在它的后面穷追不舍。可是追了好长时间，兔子跑远了。猎狗知道不可能再追上兔子了，只好悻悻地回到主人身边。猎人气急败坏地说："你怎么这么没用？连一只受伤的兔子都追不到！"猎狗听了很不服气地辩解道："我已经尽力了！"

再说兔子，它带着枪伤成功地逃回了家里，兄弟们都围上来惊讶地问它："那只猎狗跑得很快呀，你又带了伤，怎么可能甩掉它呢？"

兔子说："它是尽力而为，我是竭尽全力呀！它没抓住我，最多也就是挨一顿骂，而我一旦被它抓住了，那可就没命了呀！"

泰勒牧师讲完这个故事后，又向全班的同学郑重其事地承诺：谁如果背出《圣经·马太福音》中第五章到第七章的全部内容，他就邀请他去西雅图的"太空针"高塔餐厅里去参加免费聚餐会。

《圣经·马太福音》中第五章到第七章有几万字的内容，而且不押韵，背诵全文无疑难度非常大。尽管参加免费聚餐会是很多学生梦寐以求的事，但是几乎所有的人都望而却步了。

几天后，班里一个11岁的男孩，胸有成竹地站在泰勒牧师的面前，从头到尾、一字不落地背诵了下来，没有出一点差错，甚至到了最后，简直成了声情并茂的朗诵。

泰勒牧师十分清楚，就是在成年的信徒中，能背诵出这几章内容的人也是罕见的，何况是一个孩子。泰勒牧师在赞叹男孩那非凡记忆力的同时，不禁好奇地问："你怎么能背这么长的文字呢？"这个男孩不假思索地回答说："我竭尽全力。"

16年后，这个男孩功成名就。他就是比尔·盖茨。

故事解析

猎狗和兔子的故事和比尔·盖茨的成功背诵对我们有所启示：每个人的潜能都是无穷的。正如资料所指出的，一般人的潜能只能开发 2－8 左右，即使像爱因斯坦这样伟大的科学家，也只开发了 12 左右。

如果一个人开发了 50 的潜能，那么他就能够背诵 400 本教科书，学完十几所大学的课程，还可掌握二十多种不同的语言。这就是说，我们大部分的潜能都处于沉睡状态。如果想要出类拔萃、创造奇迹，仅仅做到尽力而为则远远不够，这时候必须做到的是竭尽全力。

故事穿越

一位父亲和他跛脚的儿子一起站在一幅金字塔的画像面前，儿子被画上金字塔的雄伟震撼不已，他问父亲这是什么地方。父亲淡淡地说：“别问了，这儿是你永远不能到达的地方。”

二十年后，已经满鬓斑白的父亲收到了一张照片，背景是和二十年前一样雄伟的金字塔，拄着拐杖的儿子站在金字塔前，满面笑容，而在照片背后写了一行字：“人生不能被保证。”

跛脚的儿子用实际行动证明：“我能行！”所有的证明都必须有付出行动的前提，当我们憧憬去做某件事情的时候，只要我们有足够的耐心、恒心和毅力，并努力去践行，就一定会有实现这一梦想的那一天！

故事微语

生活有一条法则:有些事你要做随时可以做,但有些事可能在你的一生中只有一次可以做的机会。要是你希望做这件事,那么你必须抓住那个机会。在日常生活中,有许多憧憬的事,我们没有努力去做。时间一过,就把它忘了。而只有及时行动的人才会获得成功。

有些事,只要我们肯多付出一分心力和时间,就会发现,自己其实有很多未曾使用的潜能。有些人在面临一项没有做过的事情时,会为它的繁重与困难而紧张、沉重，甚至不安。而去除这种紧张、沉重与不安的办法,只有立刻着手去做。当开始着手这件事情后,我们会很意外的发现,事实其实并不困难,只是我们之前对自己缺乏自信而已。

“想到就立刻去做”不是一件难事,只需要我们更大的决心而已。但是,一件事情既然已经开始,是否可以做到有始有终，就要靠我们的毅力与恒心。我们对很多事情往往只有“三分钟热度”，在事情一开始时,凭一股冲力做一阵,然后就感觉十分厌倦。加之工作中总难免遭遇一点困难或外力的干扰,这时,不但不再感兴趣,信心也没有了，这时候便选择了半途而废。而只有那些能克服厌倦感和中途障碍的才会成功。

开始一件事情,需要的是决心与热诚，完成一件事情所需的是恒心与毅力。缺少热诚，工作无法开始。只有热诚却没有恒心与毅力，工作同样也不能完成。所以，要成功，不仅需要“想到就立刻去做”，还需要“想到就努力去做”。

心灵箴言

停止奋斗，生命也就停止了。

——[苏联] 托·卡莱尔

世界上最快乐的事，莫过于为理想而奋斗。

——[古希腊] 苏格拉底

只要持续地努力，不懈地奋斗，就没有征服不了的东西。

——[古罗马] 塞内加

敢挑战，就算胜算很小也不能不战而退

故事话题

有一位军事家，他曾经在欧洲大陆所向披靡，他的名字令所有的敌人闻风丧胆，他领导的军队基本上战无不胜，他就是拿破仑•波拿巴，一位来自于法国科西嘉岛的小个子男人，他是曾经在世界历史上写下重要篇章的伟大人物。

拿破仑•波拿巴的一生颇具传奇色彩，但是几乎所有的奇迹都是凭他自己的能力和胆识来创造的。他冒着严寒率领军队翻越万分陡峭、白雪皑皑的阿尔卑斯山，并且打败具有先进装备的英奥联军，就是一次十分传奇的经历。

当英奥联军将拿破仑属下马塞纳将军所率领的军队围困在热那亚时，拿破仑•波拿巴的火爆脾气被激怒了，他发誓一定要让英奥联军尝到苦头。可是此时的愤怒并没有令拿破仑丧失理智，他清楚地知道，马塞纳将军率领的军队如果不能及时得到增援，那这支精锐的法国军队便很可能会全军覆灭。

但是要想及时援助马塞纳将军，他就必须带领军队翻过万分陡峭、白雪皑皑的阿尔卑斯山。“必须翻过阿尔卑斯山，形势容不得再有半点犹豫，”拿破仑神态十分坚定地对属下们说，然后他立即下达了命令，“准备好必要的物资，马上全速前进。”

军队开始行进了，皑皑白雪几乎没过了人们的膝盖，甚至有的地区和人腰相齐。

很多路段骑着马是不能前进的，拿破仑此时就要和士兵们一起深一脚、浅一脚地攀登着陡峭的山峰。寒风凛冽，可是拿破仑依然坚定地与士兵们一起前进，饥饿难忍时候，他们只能用力地啃那些已经被冻得硬邦邦的食物。

而在这个时候，英奥联军的将领们正围着火炉、喝着美酒，嘲笑着拿破仑的异想天开。“也许等马塞纳被我们巢灭之后，我们还得派人到阿尔卑斯山上为拿破仑收尸。”其中一位英国军官狂笑地大声说着，这引来了其他军官的一阵阵哄笑。

可是几天之后，英澳联军再也笑不出来了，拿破仑•波拿巴这个小个子男人率领的军队如同神兵天降。在这些天降神兵面前，毫无防备的英奥联军被一举击溃。马塞纳将军率领的精锐部队也迅速得到增援，法军再次获得了整个战役的胜利，很多人将这次胜利称为“奇迹”。

故事解析

石缝中的野草，悬崖上的松柏，暴风雨中的海燕……它们并没有天生的神力，但是它们却创造了不可思议的奇迹。原因只是因为它们具有挑战“不可能”目标的勇气。

花儿接受阳光的暴晒，才会有色彩的绚烂；流水接受岩石的碰撞，才有水花的飞溅；天空接受积雨云的挑战，才会有闪耀宇宙的电光；苍穹接受风雨烈日的挑战，才有七彩的虹桥飞渡苍空。

人生只有经历无数的挑战，生命才会焕发出耀人的光芒。

故事穿越

在北京奥运会比赛中，有两个残疾运动员让人的心里留下了深刻的印象，而且她们还参加了北京残奥会的比赛。

她们中的一位是南非独腿游泳选手纳塔莉·杜托伊特，她在2001年因车祸截去左小腿，但3个月后她就再次跳入泳池训练。在上届的雅典残奥会上，杜托伊特一个人斩获5枚游泳金牌和一枚银牌，在北京奥运会女子10公里马拉松游泳比赛中，她也获得第16名。

另一位是波兰乒乓球女选手帕尔蒂卡。她从出生开始就没有右手。她从 11 岁开始参加残奥会，并在上届雅典残奥会上荣获了个人金牌和团体银牌。在北京奥运会乒乓球女子团体小组赛中，她一共出场六次，尽管只赢了这其中的两场比赛，但她已经创造了奇迹，她成为历史上第一位同时参加奥运会和残奥会的乒乓球选手。

故事微语

身残志不残。这两位英雄身为残疾人，却勇敢的选择了站在北京奥运会的赛场上，和健全人在同一起点上比赛，她们敢于挑战的勇气和自强不息的拼搏精神让我们钦佩和感动。

雏鹰要翱翔于天空，就必须接受凌历天风的挑战；鹿群要保存种族，就必须经受弱肉强食的挑战；幼苗要想成长为参天大树，就必须经历风雨雷电的挑战……天地间充满了挑战，敢于接受挑战才能显出英雄本色。

挑战是思想解放的宣言书，挑战是铁骑前进的冲锋号，挑战是刺破苍穹的火箭弹。困难像弹簧，看你强不强，你硬它就软，你软它就强。面对任何危机和困难，只要我们敢于挑战，并以顽强的毅力挑战到底，最终的成功就必定是我们的！

心灵箴言

男儿不展风云志，空负天生八尺躯。

——冯梦龙

大胆挑战，世界总会让步。如果有时候你被它打败了，不断地挑战，它总会屈服的。

——[英] 萨克雷

想要使你自己够坚强与增加你的自信，最好的办法就是拿出胆量去做那些你认为没有把握的事。

——罗兰

未来，因为敢想敢做而日渐生辉

故事话题

1971 年 10 月的一天，16 岁的乔布斯在一本杂志上看到了一个关于“蓝匣子”的新闻报道。这个“蓝匣子”是一种可以盗取电话线路的设备，拥有这种设备的人自然就可以永远免费拨打电话了。这个报道使乔布斯兴奋不已。他默默地想，如果自己能够做一个“蓝匣子”，那不就可以永远免费打电话了？然而，这项发明技术对于一个 16 岁的孩子来说简直太难了，但乔布斯却敢想也敢做。

随后，同样对电子产品很感兴趣的沃兹尼克也加入了乔布斯一起来设计“蓝匣子”，在这个过程中，他们经历了无数次的失败，但每一次的失败，都会被他们融入更多的创新理念，最终他们完成了自己的作品。看着这个不用花钱就可以打遍全世界电话的神奇“小匣子”，他们欣喜地叫了起来。

不止于如此，乔布斯在他们的发明的基础上，还设立了自动启动的装置，也就是说不需要开关，只要有人拨打电话的时候，它就会自动启动。虽然这是个不可能被推广的发明，但却是乔布斯第一次真正意义上的创新发明。在创立苹果公司后，乔布斯在公司的管理上，也常常异想天开，可人们又不得不承认一个事实，那就是世界因为有了他的这种“异想天开”，也在不断地发展前进着。

故事解析

敢想加上敢做才会成功。不要总是抱怨自己的命不好，行动就是力量。只有行动才能改变你的命运。一万个空洞的幻想不如一个实际的行动，我们总是有憧憬而不去实践，有计划而不去执行，坐视各种憧憬，那么，什么时候才能取得成功？“敢做”不等同于胆大妄为，更不是违反规律的胡来。敢做，也有两层意思，一是指人必须有敢于冒险的精神，敢想就敢于去做，畏缩拖延永远不可能获得成功；二是指我们在追求目标的过程中，要敢于面对各种困难和挫折，不可半途而废，反而应愈挫愈勇，不达目的誓不罢休。

故事穿越

1858年，瑞典的一个有钱的人家生下了一个女儿。然而不久后，这个孩子患上了一种无法解释的瘫痪症，从此丧失了走路的能力。

一次，女孩陪同家人一起乘船旅行。船长的太太给女孩讲船长有一只天堂鸟，她被船长太太描述的这只鸟深深地迷住了，特别想亲自看一眼。

于是，保姆把女孩留在甲板上，自己去找船长商议这件事情。女孩耐不住性子，她要求船上的服务生立即带她去看天堂鸟。那服务生一开始并不知道她没有行走的能力，而只顾带着她一道去看那只美丽的天堂鸟。

奇迹发生了，女孩因为极度地渴望，竟忘我地拉住服务生的手，慢慢地开始行走起来。从此，孩子的病竟然痊愈了。女孩子长大后，又忘我地投入到文学创作中，终于成为第一位荣获诺贝尔文学奖的女性，她就是茜尔玛·拉格萝芙。

故事微语

当我们有一个好的想法，或者面临一项艰巨的任务时，不要犹豫，不要害怕，迅速地开始行动起来。行动本身就会增强我们的信心，而一味的不行动只会带来更多的恐惧，一旦行动起来，就可以迅速的做好调整，或者在实践证明此行动或此法不通时，还可趁早扔掉它并迅速寻求更好的道路。

不要把自己想象成小鸡，要相信自己是雄鹰，你不相信自己能飞起来，那你就永远都飞不起来。忘我是走向成功的一条捷径，只有在这种情况中，人才会超越自身的束缚，释放出最大的能量。

心灵箴言

勇敢里面有天才、力量和魔法。

——[德] 歌德

勇气是人类最重要的一种特质，倘若有了勇气，人类其他的特质自然也就具备了。

——[英] 丘吉尔

对那些有自信心而不介意于暂时成败的人，没有所谓失败！对怀着百折不挠的坚定意志的人，没有所谓失败！对别人放手，而他仍然坚持；别人后退，而他仍然前冲的人，没有所谓失败！对每次跌倒，而立刻站起来；每次坠地，反会像皮球一样跳得更高的人，没有所谓失败！

——[法] 雨果

心灵榜样微史话

林肯

亚伯拉罕·林肯（1809—1865），美国政治家、思想家。第 16 任美国总统，其任总统期间，美国爆发内战，史称南北战争，林肯坚决反对国家分裂。他废除了叛乱各州的奴隶制度，颁布了《宅地法》、《解放黑人奴隶宣言》。林肯击败了南方分离势力，维护了美利坚联邦及其领土上不分人种、人人生而平等的权利。

美国线上曾于 2005 年举办票选活动——《最伟大的美国人》，林肯被选为美国最伟大人物中的第二位。说话、办事老实、公正。公众称他为“诚实的老亚伯”和“伟大的解放者”。但他却自信地说自己永远是鞋匠的儿子。

林肯，主张反对黑人奴隶制，领导了美国南北战争，他为推动美国社会向前发展做出了巨大贡献，受到美国人民的崇敬，在美国人民的心目中，他的威望甚至超过华盛顿，马克思曾给予林肯高度评价，他是一个“不会被困难所吓倒，不会为成功所迷惑的人，他不屈不挠地迈向自己的伟大目标，而从不轻举妄动，他稳步向前，而从不倒退；他是一位达到了伟大境界而仍然保持自己优良品质的人罕有的人物。”

霍金

史蒂芬·威廉·霍金，英国剑桥大学应用数学、理论物理学系教授，当代最重要的广义相对论和宇宙论家，是当今享有国际盛誉的伟人之一，被称为在世的最伟大的物理学家，还被称为“宇宙之王”。

20 世纪 70 年代他与彭罗斯一起证明了著名的奇性定理，为此他们共同获得了 1988 年的沃尔夫物理奖。他因此被誉为继爱因斯坦之后世界最伟大的物理学家。

霍金曾经自信地声称，未来地球人类将移居火星，但这将是百年之后的事情。

这位物理学家现已破解了许多神秘的宇宙之谜，他表示当地球遭遇灾难被摧毁时，地球人类“必然”会移居至银河系其他星球。他还指出这种毁灭地球的灾难“差不多”是核战争或者全球升温，这些因素或将在 1 千年之内将地球毁灭。

火星被认为是太阳系内可能替代地球最适宜生存的星球，然而美国宇航局已作好准备计划实现载人火星太空之旅，但像这样的太空探索至少需要几十年才能实现。虽然地球人类灭绝是“可能但不是必然的”。

阿基米德

阿基米德（前 287—前 212），伟大的古希腊哲学家、数学家、物理学家、力学家，静态力学和流体静力学的奠基人。他出生于西西里岛的叙拉古的一个贵族家庭。他从小就善于思考，喜欢辩论，敢想敢做。早年游历过古埃及，曾在亚历山大城学习。

据说他就在亚历山大里亚时期发明了阿基米德式螺旋抽水机。后来阿基米德成为兼数学家与力学家的伟大学者，并且享有“力学之父”的美称。阿基米德流传于世的数学著作有 10 余种，多为希腊文手稿。

阿基米德曾经自信地说过：“给我一个支点，我可以撬起整个地球。”

在埃及，前 1500 年，就有人使用杠杆来抬起重的东西，但是人们不懂得其中的道理，阿基米德细心地研究了这个原理。

有一次，阿基米德对叙拉古国王说：“如果有一个站脚的地方，我将移动地球！”国王听了非常吃惊。于是命令他去移动放在海岸边的一条大船。这条大船体积大，相当重，很多人都因为拉不动而感到束手无策。于是阿基米德设计了一组装置，用钩子钩住一组做成滑轮形式的杠杆。阿基米德非常舒服地坐在椅子上，毫不费劲地用一只手就把一艘满载货物的大船从港口一直拉到岸上。

马克思

马克思，全世界无产阶级的伟大导师、科学社会主义的创始人。伟大的政治家、哲学家、经济学家、革命理论家、社会学家、革命家。社会学三巨头之一。主要著作有《资本论》、《共产党宣言》。

他是无产阶级的精神领袖，是当代共产主义运动的先驱。支持他理论的人被视为马克思主义者。马克思最广为人知的哲学理论是他对于人类历史进程中阶级斗争的分析。他认为几千年以来，人类发展史上最大的矛盾与问题就在于不同阶级之间的利益掠夺。依据历史唯物论，马克思曾大胆地假设，资本主义终将被共产主义所取代。

马克思对哲学的最大贡献是将实践概念引入哲学，使哲学同现代无产阶级（工人阶级）的解放联系起来了，将这个哲学彻底运用于社会历史领域导致了唯物史观的产生，在唯物史观的指导下，马克思分析和研究了资本主义社会的经济基础从而发现了剩余价值，指出无产阶级同资产阶级的阶级斗争必然导致无产阶级专政，而这个专政又是从资本主义到共产主义的过渡、演变而来。

加加林

尤里·阿列克谢耶维奇·加加林（1934—1968），世界第一名航天员，苏联英雄，苏联太空人，苏联红军上校飞行员，是第一个进入太空的地球人。生于苏联斯摩棱斯克州格扎茨克区的克卢希诺镇一个集体农庄庄员家庭，白俄罗斯人。

1955 年从萨拉托夫工业技术学校毕业后参军。1957 年在契卡洛夫第一军事航空飞行员学校结业，成为红旗北方舰队航空兵歼击机飞行员。

加加林在 20 多名候选宇航员中脱颖而出，原因是多方面的，但无疑一个细节帮了他不小的忙。原来，在确定人选前一个星期，主设计师科罗廖夫发现，在进入飞船前，只有加加林一人脱下鞋子，只穿袜子进入座舱。

这一举动使加加林一下子赢得了科罗廖夫的好感。科罗廖夫说，他感到这位青年如此懂得规矩，又如此珍爱他为之倾注心血的飞船，于是他更偏爱于加加林。脱鞋虽然是生活和工作的一个小细节，但这个细节却能折射出一个人的严谨和敬业精神。加加林因为这个细节，为他的成功加上了重重的砝码。细节导致成功，是一种看似偶然性的必然性。因此我们要想成功，就要注意细节，无条件的做好自己。

爱德华兹

罗伯特·爱德华兹，英国生理学家，被誉为“试管婴儿之父”。1948 年毕业于北威尔士大学农业和动物学专业；1955 年获得爱丁堡大学动物基因研究生学位；1956 年至 1978 年从事生殖生理学研究，并成功使世界第一例试管婴儿诞生；1983 年至 1984 年创立欧洲人类生殖和胚胎学研究会，并创办《人类生殖》杂志；2001 年，由于在人类不育症治疗领域的突出成就，获得美国阿尔伯特·拉斯克医学研究奖。

1978 年 7 月 25 日 23 时 47 分，一个体重 2700 克的健康女婴诞生了，世界第一个试管婴儿路易丝·布朗。她的出生震动了世界，迎接她的有热烈的欢呼，也有巨大的恐惧。人们担心试管婴儿的诞生会破坏现有的伦理关系，甚至担心“试管”里培育出的将是畸形怪物。当时的报纸惊呼：人们“扮演了上帝”、又一次“打开了潘多拉的盒子”“违反了伦理道德”。于是出现了一波又一波指责、谩骂爱德华兹的声音……

但不管人们怎么想，都阻挡不了爱德华兹的研究，阻挡不了一个新时代的到来。

在“魔鬼的造物”“弗兰肯斯坦之子”之类的聒噪中，路易丝·布朗健康地长大，成为试管婴儿技术的完美广告。她是个恬静害羞、不爱出风头的温柔姑娘，过着平静而普通的生活，上学、工作、结婚，除了时常受到媒体关注，与一般人没有两样。

“我常被人们称为疯子，”爱德华兹许多年前曾这样对媒体说，“没人愿意在伦理方面冒险。许多人对我说，那些孩子（试管婴儿）不会正常发育的。”

鲁迅

鲁迅（1881—1936），伟大的无产阶级文学家，思想家，革命家。原名周樟寿，后改名周树人。字豫亭，后改为豫才。浙江绍兴人，出身于破落封建家庭，青年时代受进化论、尼采超人哲学和托尔斯泰博爱思想的影响。

鲁迅原在仙台医学院学医，后从事文艺工作，希望用以改变国民精神。辛亥革命后，曾任南京临时政府和北京政府教育部部员、佥事等职，兼在北京大学、女子师范大学等校授课。1918 年 5 月，首次用“鲁迅”的笔名，发表中国现代文学史上第一篇白话小说《狂人日记》，奠定了新文学运动的基石，后与《药》《故乡》等小说名篇一同收入小说集《呐喊》。

毛泽东评价鲁迅为伟大的无产阶级文学家、思想家、革命家、评论家、作家，是中国文化革命的主将、中华的精神。鲁迅是 20 世纪中国的主要作家，是中国现代小说、白话小说和近代文学的奠基人之一，是新文化运动的领导人、左翼文化运动的支持者之一。

《呐喊》《彷徨》中的小说是鲁迅对现实社会人生的冷峻的刻画，意在警醒沉睡的国民，《朝花夕拾》中的散文则是鲁迅将内在的苦闷，化为了超世间的想象，使《野草》成了中国现代主义文学中的一朵奇葩。鲁迅曾对别人说："我的哲学都在'野草'里。"鲁迅最内在的情绪体验和最玄妙的哲理性感悟，通过这种奇特的艺术手段传达出来。

诺贝尔

阿尔弗雷德·伯纳德·诺贝尔（1833—1896），是瑞典化学家、工程师、发明家、军工装备制造商和炸药的发明者。诺贝尔生前的确拥有Bofors （卜福斯）公司。此公司拥有350年历史，此前主要生产钢铁。诺贝尔拥有Bofors后把公司主要产品方向改为生产军工产品。在第二次世界大战中该公司多项产品曾授权多国生产，并受军队广泛好评。

诺贝尔一生拥有355项专利发明，并在欧美等五大洲20个国家开设了约100家公司和工厂，积累了巨额财富。

在他逝世的前一年，立嘱将其遗产的大部分（约920万美元）作为基金，将每年所得利息分为5份，设立物理、化学、生理或医学、文学及和平5种奖金（即诺贝尔奖），授予世界各国在这些领域对人类做出重大贡献的人。

莎士比亚

莎士比亚（1564—1616），是欧洲文艺复兴时期最重要的作家，杰出的戏剧家和诗人，他在欧洲文学史上占有特殊的地位，被喻为"人类文学奥林匹克山上的宙斯"。他亦跟古希腊三大悲剧家艾思奇利斯(Aeschylus)、索福克里斯（Sophocles）及幼里匹蒂斯（Euripides）合称戏剧史上四大悲剧家。

莎士比亚虽然是个悲剧家，但是他的生活却极为积极向上。莎士比亚生活在一个富裕的家庭里，但是后来他的父亲破产了，在未能毕业时，他就走上独自谋生之路。1577年被父亲从学校接回，不得已帮他父亲做了一段时间的生意。他当过肉店学徒，也曾在乡村学校教过书，还干过其他各种职业。生活的落差没有让他灰心丧气，反而更加激发了他对生活的美好向往，他不断努力，从事过很多职业，丰富了眼界，最终走上了文学创作之路。

17 世纪同时代人执剧坛牛耳的本·琼生称誉他是“时代的灵魂”。说他“不属于一个时代而属于千秋万代”。17、18 世纪的英国古典主义者德莱登认为：“莎士比亚有一颗通天之心，能够了解一切人物和激情。”莎士比亚的著作对后来的戏剧和文学有持久的影响。实际上，他扩展了戏剧人物刻画、情节叙述、语言表达和文学体裁多个方面。

陶渊明

陶渊明（约 365—427），字元亮，又名潜，号五柳先生，世称靖节先生，汉族，浔阳柴桑（今江西省九江市）人。东晋末期南朝宋初期诗人、文学家、辞赋家、散文家。

曾做过几年小官，后因厌烦官场辞官回家，从此隐居，田园生活是陶渊明诗的主要题材，相关作品有《饮酒》《归园田居》《桃花源记》《五柳先生传》《归去来兮辞》等，田园诗派创始人。

陶渊明少年时期有“猛志逸四海，骞翮思远翥”的大志，孝武帝太元十八年（393 年），他怀着“大济苍生”的愿望，任江州刺史王凝之的祭酒。

俗称五柳先生陶渊明被称为“隐逸诗人之宗”。其隐逸文化总的风格有三：其一是柔，其二是淡，其三是远。他的创作开创了田园诗的体系，从而使中国古典诗歌达到了一个新的境界。从古至今，有很多人喜欢陶渊明固守寒庐，寄意田园，超凡脱俗的人生哲学，以及他淡薄渺远，恬静自然，无与伦比的艺术风格；同时对陶渊明归隐田园的原因以及他的隐居生活情况进行研究分析。下面结合陶渊明的诗歌对此作出探讨。

心灵修养用语微解

自信：是指自己相信自己。自信对我们的生活非常的重要，我们的事业、我们的爱情、我们的生活、我们的工作，不管是哪一个领域，自信都是无比重要的。自信给人以力量，给人以快乐。正是有了自信，人们才充满了睿智，你和我的心中才升腾起无尽的希望。人们只有自信才能让自己的人生之花开得更加茂盛、更加灿烂。只有自信才能让生活处处是舞台，让人生越过越精彩。

浮躁：急躁；不沉稳。“躁”的意思是心里有众多的东西要动，而“浮”的意思是“漂流”，两个字组合在一起的意思就是“心里有众多的东西要动，而又没有地方可以让他们落脚，因此到处飘荡不得安心”。

目标：射击、攻击或寻求的对象；想要达到的境界或目的。

无所畏惧：无所，没有什么。畏惧，害怕。形容什么也不怕，非常勇敢。出处《魏书•董绍传》：“此是绍之壮辞，云巴人劲勇，见敌无所畏惧，非实瞎也。”

高风亮节：高风，高尚的品格；亮节，坚贞的节操。形容道德和行为都很高尚。出自(宋)•胡仔《苕溪渔隐从话后集》卷一：“余谓渊明高风峻节，固已无愧于四皓，然犹仰慕之，尤见其好贤尚友之情也。”

看开：看破；看透；不把不如意的事放在心上。

坚定：指意志坚强，不动摇。(晋)刘琨《书》：“胆识坚定，临难无苟免之意。”明 王守仁《传习录》卷中：“脩谨而不失之拘局，久则体貌习熟，德性坚定矣。”(明)李东阳《孔氏四子字说》：“人能学礼，则品节详明，德性坚定而能立。”

勤奋：认认真真，努力干好一件事情，不怕吃苦，踏实工作。

持之以恒：持之以恒，谓有恒心，持续不间断，老是那么一股劲地进行。语出(清)曾国藩 《家训喻纪泽》：“尔之短处，在言语欠钝讷，举止欠端重，看书不能深入，而作文不能峥嵘。若能从此三事上下一番苦工，进之以猛，持之以恒，不过一二年，自尔精进而不觉。”京剧《串龙珠》：“男勤耕女事勤织各务其正，休荒嬉莫堕落持之以恒。”

坚持不懈：懈：松懈。谓坚持到底，一点不松懈。形容做事持之以恒。出自《清史稿·刘体重传》：“煦激励兵团，坚持不懈，贼穷蹙乞降，遂复濮州。”

虚心：虚心，是指谦虚；不自满、不自大；心虚，心有所愧而胆怯。

高洁：高尚纯洁。《汉书·马宫传》：“ 师丹 荐 宫 行能高絜。”(唐)赵璘《因话录·角》：“有僧甚高洁，好事因说其先师。”